企业安全生产工作指导丛书

安全生产
常用专用术语

主　编　许　铭

编写人员　罗　云　方　芳　王海顺　曹康维　王新浩

　　　　　王冠韬　张圣柱　王胜江

"企业安全生产工作指导丛书"编委会

陈　蕾　张龙连　任彦斌　杨　勇　焦　宇　佟瑞鹏

徐　敏　孙莉莎　唐贵才　马卫国　樊晓华　闫　宁

许　铭　高运增　孙　超

中国劳动社会保障出版社

图书在版编目（CIP）数据

安全生产常用专用术语/许铭主编. -- 北京：中国劳动社会保障出版社，2018
（企业安全生产工作指导丛书）
ISBN 978-7-5167-3438-4

Ⅰ.①安… Ⅱ.①许… Ⅲ.①安全生产-术语 Ⅳ.①X93-61

中国版本图书馆 CIP 数据核字（2018）第 104489 号

中国劳动社会保障出版社出版发行

（北京市惠新东街 1 号　邮政编码：100029）

*

三河市华骏印务包装有限公司印刷装订　新华书店经销

787 毫米×1092 毫米　16 开本　13 印张　210 千字
2018 年 6 月第 1 版　　2018 年 6 月第 1 次印刷
定价：35.00 元

读者服务部电话：(010) 64929211/84209103/84626437
营销部电话：(010) 84414641
出版社网址：http://www.class.com.cn

内容简介

　　本书是"企业安全生产工作指导丛书"之一，主要内容为安全生产工作中的常用专用术语及其内涵。术语是安全生产工作和安全科学研究的重要基础，是安全管理、信息交流和经验分享的载体。在安全生产实践中，人们将一些重要的工作要求、优秀的工作经验总结成朗朗上口的一系列缩略语或术语，不仅方便大家传诵、理解和使用，而且它们本身都是中国特色安全生产管理工作实践的结晶，是安全文化的重要组成部分。

　　本书收集整理的我国安全生产常用专用术语共分为七章，分别是：基本术语，方针政策制度术语，安全文化、教育培训术语，隐患排查治理术语，应急术语，职业健康术语，行业安全术语。对于重要的基本术语，本书不仅进行了解释，还提供了权威文献的解读供读者参考。每个术语，尽可能注明来源和出处，但确有其中的一些术语属行业口口相传，其意自明，有的术语来源由于时间和资料所限不易考证。

　　本书可作为广大企业安全生产管理与技术人员、各级安全生产监督管理部门干部、高校安全工程专业学生的工具书，也可供安全科学研究人员参考。

前　言

　　党的十八大以来，党和国家高度重视安全生产，把安全生产作为民生大事，纳入到全面建成小康社会的重要内容之中。"人命关天，发展决不能以牺牲人的生命为代价。这必须作为一条不可逾越的红线。"习近平总书记多次强调安全生产，对安全生产工作高度重视。2015年8月，习近平总书记对切实做好安全生产工作作出重要指示：各生产单位要强化安全生产第一意识，落实安全生产主体责任，加强安全生产基础能力建设，坚决遏制重特大安全生产事故发生。2016年1月，习近平总书记对全面加强安全生产工作提出明确要求：必须强化依法治理，用法治思维和法治手段解决安全生产问题，加快安全生产相关法律、法规制定修订，加强安全生产监管执法，强化基层监管力量，着力提高安全生产法治化水平。随着我国安全生产事业的不断发展，严守安全底线、严格依法监管、保障人民权益、生命安全至上已成为全社会共识。

　　在党的十九大报告中，习近平总书记关于安全生产的重要论述，确立了新形势下安全生产的重要地位，揭示了现阶段安全生产的规律特点，体现了对人的尊重、对生命的敬畏，传递了生命至上的价值理念，对于完善我国安全生产理论体系，加快实施安全发展战略，促进安全生产形势根本好转，具有重大的理论和实践意义。近年来，随着历史上第一个以党中央、国务院名义出台的安全生产文件《中共中央　国务院关于推进安全生产领域改革发展的意见》的印发，《中华人民共和国安全生产法》《中华人民共和国职业病防治法》等法律和《危险化学品安全管理条例》等法规的修订，各类安全生产相关管理技术标准的制定、修订，我国的安全生产法制体系和管理技术工作得到了长足的发展与完善。

　　为了弘扬我国安全生产领域的改革发展成果，宣传近些年安全生产法律、法规和国家标准体系建设的新内容，规范指导企业在安全生产管理与技术工作中的方式、方法，中国劳动社会保障出版社组织了中国矿业大学、中国地质大学、首都经济贸易大学、煤炭科学研究总院、中冶集团、北京排水集团、重庆城市管理职业学院等高等院校、研究院所和国有大型企业的专家学者编写了"企业安全生产工作指导丛书"。本套丛书第一批拟出版的分册包括：《安全生产法律法规文件汇编》《职业病防治法律法规文件汇编》《企业安全生产主体责任》《用人单位职业病防治》《安全生产规章制度编制指南》《企业安全生产标准化建设指南》《生产安全事故隐患排查与治理》《生产安全事故调查与统计分析》《企业职业安全健康管理实务》《生产安全事故应急救援与自救》《企业应急预案编制与实施》《外资企业安全管理工作实务》《安全生产常用专用术语》，丛书的各书种针对当前企业安全生产管理工作中的重点和难点，以最新法律、法规与技术标准为主线，全面分析并提出了实务工作的方式和方法。本套丛书的主要特点，一是针对性强，提炼企业安全生产管理工作中的重点并结合相关法律、法规和技术标准进行解读；二是理论与技术兼顾，注重安全生产管理理论与技术上的融合与创新，使安全生产管理工作有理有据；三是具有很好的指导性，强化了法律、法规和有关理论与技术的实际应用效果，以工作实际为主线，注重方式、方法上的可操作性。

　　期望本套丛书的出版对指导企业做好新时代安全生产工作有所帮助，使相关人员在安全生产管理工作与技术能力上有所提升。由于时间等因素的影响，本套丛书在编写过程中可能存在一些疏漏，敬请广大读者批评指正。

"企业安全生产工作指导丛书"编委会

2018 年 4 月

目 录

第 一 章 基 本 术 语

第二章　方针政策制度术语

第三章 安全文化、教育培训术语

第四章 隐患排查治理术语

第五章 应 急 术 语

第六章　职业健康术语

第七章 行业安全术语

参 考 文 献

第一章　基本术语

1. 安全生产

广义上，安全生产是指旨在保障劳动者在生产过程中的安全与健康等权益的基本方针和原则；狭义上，安全生产是指按这一方针和原则，最大限度地减少劳动者的工伤和职业病，保障劳动者在生产过程中的生命安全和身体健康而采取的各种措施及进行的各种活动。当今，体面职业、有尊严地劳动为安全生产赋予了新的内涵。

与安全生产密切相关的术语还有生产安全、劳动安全、职业安全等。

以下摘录为各重要文献的有关解释：

（1）中国大百科全书总编辑委员会. 中国大百科全书（74 卷）——经济学. 北京：中国大百科全书出版社，2004.

安全生产是旨在保障劳动者在生产过程中的安全的一项方针，也是企业管理必须遵循的一项原则。这一方针和原则，要求最大限度地减少劳动者的工伤和职业病，保障劳动者在生产过程中的生命安全和身体健康。

（2）GB/T 15236—2008《职业安全卫生术语》

安全生产是指通过人—机—环的和谐运作，使社会生产活动中危及劳动者生命和健康的各种事故风险和伤害因素始终处于有效控制的状态。

（3）编委会. 安全科学技术百科全书. 北京：中国劳动社会保障出版社，2003.

安全生产是指为预防在生产过程中发生人身伤亡、设备事故，保护公私财产和人

编者注：2018 年 3 月，中共中央印发了《深化党和国家机构改革方案》，其中决定组建应急管理部、国家卫生健康委员会，不再保留国家安全生产监督管理总局、国家卫生和计划生育委员会，将原国家安全生产监督管理总局职业安全健康监督管理职责并入国家卫生健康委员会，其余职责并入应急管理部。

员在生产中的安全而采取的各种措施。

2. 劳动保护

保护劳动者在劳动过程中的安全与健康的活动和措施,包括法律法规、标准、技术、设备、制度和教育等。

劳动保护一词源自苏联,基本内容包括:劳动保护的立法和监察,工作时间与休假制度,女职工和未成年工的特殊保护,劳动保护的管理与宣传,劳动安全技术与工程,劳动卫生技术与工程,伤亡事故的调查、分析、统计报告和处理等。

以下摘录为各重要文献的有关解释:

(1) 庄育智等. 安全科学技术词典. 北京:中国劳动出版社,1991.

劳动保护是指保护劳动者在劳动过程中的安全和健康。

(2) 中国大百科全书总编辑委员会. 中国大百科全书(机械工程Ⅰ). 北京:中国大百科全书出版社,1987.

劳动保护是指消除生产劳动中的有害因素、防止伤亡事故和职业病、保护劳动者安全与健康、创造良好劳动条件的综合性技术措施。劳动保护一词来自苏联,东欧一些国家和中国也沿用这一名词。欧美各国大都称为职业安全与卫生,或称安全工程,日本称为安全工学。

3. 职业安全卫生

保障职业人员在职业活动过程中的安全与健康为目的的活动和措施。

"职业安全卫生""职业安全健康""劳动安全卫生""劳动保护"4 个术语的内涵相似,"职业安全卫生"在欧美等工业化国家普遍使用。

以下摘录为各重要文献的有关解释:

(1) GB/T 15236—2008《职业安全卫生术语》

职业安全卫生是指以保障职工在职业活动过程中的安全与健康为目的的工作领域及在法律、技术、设备、组织制度和教育等方面所采取的相应措施。

(2) 庄育智等. 安全科学技术词典. 北京:中国劳动出版社,1991.

职业安全卫生是指以预防、控制、消除职业危害为重点,以保护职业劳动者安全健康为目的所实施的政策法规、管理与技术措施、监督检查制度。

在我国职业安全卫生是指除特种行业矿山安全卫生、核工业安全卫生及特种设备锅炉压力容器安全以外的一切与职业有关的安全卫生。

（3）中国电力百科全书编辑部. 中国电力百科全书·火力发电卷. 北京：中国电力出版社，2001.

职业安全卫生是指为保护劳动者在职业活动中的安全和健康所制定的法律规范和采取的各项措施的总称，又称劳动安全卫生、劳动保护。其主要内容是建立、健全职业安全卫生制度，严格执行国家有关职业安全卫生的规程和标准，对劳动者进行职业安全卫生教育，防止劳动过程中的事故，减少职业危害。

4. 化学品

各种化学物质和化合物以及混合物，无论其是天然的还是人工合成的（国际劳工组织《关于作业场所安全使用化学品公约》）。

5. 危险化学品

具有毒害、腐蚀、爆炸、燃烧、助燃等性质，对人体、设施、环境具有危害的剧毒化学品和其他化学品（《危险化学品目录（2015 版）》）。

6. 剧毒化学品

具有剧烈急性毒性危害的化学品，包括人工合成的化学品及其混合物和天然毒素，还包括具有急性毒性易造成公共安全危害的化学品（《危险化学品目录（2015 版）》）。

7. 危险货物

具有爆炸、易燃、毒害、感染、腐蚀、放射性等危险特性，在运输、储存、生产、经营、使用和处置中，容易造成人身伤亡、财产损毁或环境污染而需要特别防护的物质和物品（GB 6944—2012《危险货物分类和品名编号》）。

危险货物是运输行业的专门术语，道路运输危险货物具体以列入 GB 12268—2012《危险货物品名表》为准，铁路运输危险货物具体以列入《铁路危险货物品名表》（铁运〔2009〕130 号）为准，水路运输危险货物具体以列入《水路运输危险货物规则》（交通部令〔1996〕第 10 号）中附件一《各类危险货物引言和明细表》的分类方法。

8. 危险物品

易燃易爆物品、危险化学品、放射性物品等能够危及人身安全和财产安全的物品（《中华人民共和国安全生产法》）。

危险物品又称危险品，是安全生产领域的专门术语。

9. 易制爆危险化学品

国务院公安部门规定的可用于制造爆炸物品的危险化学品，具体以列入 2011 年 11 月公安部颁布的《易制爆危险化学品名录（2011 年版）》为准。

易制爆危险化学品是社会公共安全领域的专门术语，其分类依据是《化学品分类、警示标签和警示性说明安全规范（GB 20576～20591)》，与《危险化学品目录（2015 版)》基本一致（共 27 类）。

10. 易制毒化学品

国务院公安部门规定的可用于制造毒品的危险化学品，具体以列入《易制毒化学品分类品种（2017 版）》为准。

易制毒化学品是社会公共安全领域的专门术语，《易制毒化学品分类品种（2017 版）》收录了 31 种易制毒化学品，分为 3 类：第一类收录 18 种；第二类收录 7 种；第三类收录 6 种。

11. 高度关注物质

满足欧盟法规《化学品的注册、评估、授权和限制指令》第 57 条规定的物质。

高度关注物质（SVHC），是欧盟依据《化学品的注册、评估、授权和限制指令》（REACH，Registration，Evaluation，Authorization and Restriction of Chemicals）监管威胁安全和健康的高危险物质的新术语。高度关注物质更加关注危险物质对人体和环境的危害特性，包括持久性生物积累性和毒性物质、高持久性高生物积累性物质、致癌物质、致突变物质、生殖毒性物质等。自 2008 年 10 月 28 日，欧盟化学品管理局（ECHA）首次公布第一批 SVHC 候选清单（16 种物质）以来，每年公布 2 批 SVHC。

截至 2017 年 7 月 7 日，ECHA 已正式公布 17 批 SVHC，共有 174 项物质。SVHC 主要是危险化学品、剧毒化学品，还包括多种无机物和有机物。

12. 危险

泛指让人恐惧、不安、有性命之忧的情形、状态或行为。

《说文解字》解释为："危：在高而惧也"，引申为"凡可惧之称"；"险"即"阻，难也。"《玉篇》解释为："危：不安貌"；"险：高也，危也；邪也，恶也。"《尔雅·释鱼》解释为："险者，谓污薄。"日常生活中，危险泛指让人恐惧、不安、有性命之忧的情形、状态或行为。安全生产领域，危险指会造成人员伤亡、健康损害或财产损失的情形、状态或行为。

以下摘录为各重要文献的有关解释：

（1）黎益仕等.英汉灾害管理相关基本术语集.北京：中国标准出版社，2005.

危险是指具有威胁性的事件或在给定时间和地区范围内潜在的破坏性现象发生的概率。

（2）江伟钰，陈方林.资源环境法词典.北京：中国法制出版社，2005.

所谓危险，并非指已造成实际的损害，而是指极有可能造成损害，是对受害人人身和财产很可能会造成损害的一种威胁。

（3）莫衡等.当代汉语词典.上海：上海辞书出版社，2001.

危险是指有遭到不幸或造成灾难的可能；不安全。

（4）美国联邦紧急事态管理局

危险是具有潜在的引起不幸、伤害、财产损失、基础设施损坏、农业损失、环境破坏、经营中断或其他类型损害或损失的事件或客观条件。

（5）新西兰民防部

危险是某些可能引起或实质性地导致紧急事态的事物。

13. 危险源

具有可能失控的超高能量、危险物质、危险状态的系统、技术、活动、场所等。

危险源是产生危险的源头。按事故能量学说，事故是能量或危险物质的意外释放，危险的根源是存在破坏性能量或危险物质。因此，具有可能失控的超高能量、危险物质、危险状态是构成危险源的本质特征。科学技术具有两面性，是一把"双刃剑"，从这个意义上来说，危险源是科学技术和人类活动本身，是科学技术和人类活动自身潜在的威胁或负面效应。

以下摘录为各重要文献的有关解释：

（1）GB/T 28001—2011《职业健康安全管理体系规范》

危险源是指可能导致人身伤害和（或）健康损害的根源、状态或行为，或其组合。

（2）孙连捷，张梦欣. 安全科学技术百科全书. 北京：中国劳动社会保障出版社，2003.

危险源一词译自英文 Hazard，按英文辞典的解释，Hazard—a source of danger，即危险的根源的意思。

（3）王玉元等. 安全工程师手册. 成都：四川人民出版社，1995.

危险源是指存在着导致伤害、疾病或财物损失可能性的情况，是可能产生不良结果或有害结果的活动、状况或环境的潜在的或固有的特性。

14. 重大危险源

长期地或者临时地生产、搬运、使用或者储存危险物品，且危险物品的数量等于或者超过临界量的单元（包括场所和设施）（《中华人民共和国安全生产法》）。

2004 年 4 月 27 日，国家安全生产监督管理总局发文《关于开展重大危险源监督管理工作的指导意见》（安监管协调字〔2004〕56 号），将重大危险源的申报范围扩大到 9 类，即储罐区（储罐）、库区（库）、生产场所、压力管道、锅炉、压力容器、煤矿（井工开采）、金属非金属地下矿山、尾矿库。文件附了辨识 9 类重大危险源的判定标准。

以下摘录为各重要文献的有关解释：

（1）GB 18218—2009《危险化学品重大危险源辨识》

危险化学品重大危险源是指长期地或临时地生产、加工、使用或储存危险化学品，且危险化学品的数量等于或超过临界量的单元。

（2）2011 年 8 月 5 日，《危险化学品重大危险源监督管理暂行规定》（国家安监总局令第 40 号）规定了危险化学品重大危险源的分级方法：

1）分级指标。采用单元内各种危险化学品实际存在（在线）量与其在《危险化学品重大危险源辨识》（GB 18218—2009）中规定的临界量比值，经校正系数校正后的比值之和 R 作为分级指标。

2）R 的计算方法：

$$R = \alpha\left(\beta_1\frac{q_1}{Q_1} + \beta_2\frac{q_2}{Q_2} + \cdots + \beta_n\frac{q_n}{Q_n}\right)$$

式中　q_1，q_2，$\cdots$，q_n——每种危险化学品实际存在（在线）量（单位：吨）；

　　　　Q_1，Q_2，$\cdots$，Q_n——与各危险化学品相对应的临界量（单位：吨）；

　　　　β_1，β_2，$\cdots$，β_n——与各危险化学品相对应的校正系数；

　　　　α——该危险化学品重大危险源厂区外暴露人员的校正系数。

3）校正系数 β 的取值。根据单元内危险化学品的类别不同，设定校正系数 β 值，见下表。

校正系数 β 取值表

危险化学品类别	毒性气体	爆炸品	易燃气体	其他类危险化学品
β	（见下表）	2	1.5	1

注：危险化学品类别依据《危险货物品名表》中分类标准确定。

常见毒性气体校正系数 β 取值表

毒性气体名称	一氧化碳	二氧化硫	氨	环氧乙烷	氯化氢	溴甲烷	氯
β	2	2	2	2	3	3	4
毒性气体名称	硫化氢	氟化氢	二氧化氮	氰化氢	碳酰氯	磷化氢	异氰酸甲酯
β	5	5	10	10	20	20	20

注：未在表中列出的有毒气体可按 $\beta = 2$ 取值，剧毒气体可按 $\beta = 4$ 取值。

4）校正系数 α 的取值。根据重大危险源的厂区边界向外扩展 500 m 范围内常住人口数量，设定厂外暴露人员校正系数 α 值，见下表。

校正系数 α 取值表

厂外可能暴露人员数量	α
100 人以上	2.0
50 人～99 人	1.5
30 人～49 人	1.2
1～29 人	1.0
无人	0.5

5）分级标准。根据计算出来的 R 值，按下表确定危险化学品重大危险源的级别。

危险化学品重大危险源级别和 R 值的对应关系

危险化学品重大危险源级别	R 值
一级	$R \geqslant 100$
二级	$100 > R \geqslant 50$
三级	$50 > R \geqslant 10$
四级	$R < 10$

15. 隐患

造成控制危险源安全措施（条件）缺失、低效、失效的违法违规现象或行为。

隐患属于安全措施（条件）范畴，隐患使控制危险源的预设安全措施（条件）的安全防护功能下降甚至不起作用。危险源是内因，隐患是外因，它们服从唯物辩证法的内外因作用原理：内因是变化的根据，外因是变化的条件，外因通过内因而起作用。事故（职业病）是危险源与隐患共同作用的结果。危险源、隐患、事故（职业病）、风险、安全等概念之间的关系如图所示。

国内关于"隐患"的称谓不统一，例如全国人大颁布的法律，中共中央、国务院颁布的法规，国家发展规划等权威文献中表述"隐患"的称谓有：隐患、事故隐患、突发事件隐患、职业病危害事故隐患、生产安全事故隐患、风险隐患、一般事故隐患、重大事故隐患、严重事故隐患等，本书均统一称之为"隐患"。

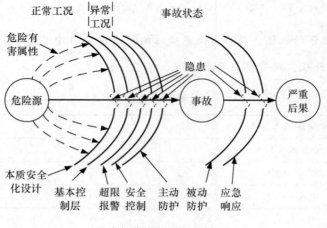

基本概念之间的相互关系

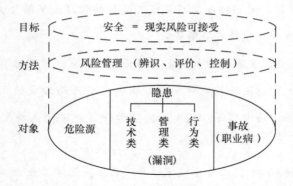

安全生产工作对象、方法与目标之间的相互关系

以下摘录为各重要文献的有关解释：

（1）《安全生产事故隐患排查治理暂行规定》（国家安监总局令第16号，2007）

事故隐患指违反安全生产法律、法规、规章、标准、规程和安全生产管理制度的规定，或者因其他因素在生产经营活动中存在可能导致事故发生的物的危险状态、人的不安全行为和管理上的缺陷。

事故隐患分为一般事故隐患和重大事故隐患。一般事故隐患，是指危害和整改难度较小，发现后能够立即整改排除的隐患。重大事故隐患，是指危害和整改难度较大，应当全部或者局部停产停业，并经过一定时间整改治理方能排除的隐患，或者因外部因素影响致使生产经营单位自身难以排除的隐患。

（2）编委会. 中国职业安全卫生百科全书. 北京：中国劳动出版社，1991.

事故隐患是有导致未来发生事故可能性、具有潜在的事故危险性设备和环境方面存在的不安全状态。

16. 风险

不确定性对目标的影响（GB/T 23694—2013《风险管理 术语》）。

《风险管理 术语》对风险有以下方面的注释：

注1：影响是指偏离预期，可以是正面的和/或负面的。

注2：目标可以是不同方面（如财务、健康与安全、环境等）和层面（如战略、组织、项目、产品和过程等）的目标。

注3：通常用潜在事件、后果或者两者的组合来区分风险。

注4：通常用事件后果（包括情形的变化）和事件发生可能性的组合来表示风险。

注 5：不确定性是指对事件及其后果或可能性的信息或了解片面的状态。

以下摘录为各重要文献的有关解释：

（1）黎益仕等.英汉灾害管理相关基本术语集.北京：中国标准出版社，2005.

风险是指对于给定地区及指定时间段，由特定危险而造成的预期（生命、人员受伤、财产受损和经济活动中断等）损失。按数学计算，风险是特定灾害的危险概率与易损性的乘积。

（2）冯肇瑞，杨有启.化工安全技术手册.北京：化学工业出版社，1993.

风险是指一定时间内造成人员伤亡和财物损失的可能性。任何一项活动都要承担一定的风险，但也可以采取措施降低或消除风险。

（3）澳大利亚和新西兰关于风险管理的国家标准（AS/NZS 4360：1999）

风险是对目标产生影响的某些事情发生的机会。它以因果关系和可能性来衡量（在紧急事态风险管理中，是用来描述产生于危险、社区和环境的相互作用中的有害结果可能性的概念）。

（4）澳大利亚紧急事态管理术语

风险是指：

1）用来描述产生于危险、社区和环境相互作用的有害后果的可能性。

2）将对目标物产生影响的某些事情发生的机会。它以后果和可能性的术语来衡量。

3）考虑一个事件和它的可能性的危害的尺度。比如，它可以表示为一个规定的时期中暴露的个人死亡的可能性。

4）在一个既定的地区和设定的期限内由于特殊危险引起的预期损失（包括死亡、受伤、财产损失以及经济活动中断）。

（5）夏征农，陈至立.辞海.上海：上海辞书出版社，2010.

风险是指人们在生产建设和日常生活中遭遇可能导致人身伤亡、财产受损及其他经济损失的自然灾害、意外事故和其他不测事件的可能性。

17. 安全

面临的现实风险处于可接受的状态。

一般认为安全是一种无危险、无威胁、无伤害的状态，《大英百科全书》认为安全是消除危险、威胁、伤害等的活动。安全也指目标、模式等，实现安全状态、目标、模式的活动用"安全工作""安全生产""安全管理"等词汇表述。

以下摘录为各重要文献的有关解释：

（1）张清源.现代汉语常用词词典.成都：四川人民出版社，1992.

安全指有保障，没有危险；不出事故。

（2）莫衡等.当代汉语词典.上海：上海辞书出版社，2001.

安全指没有危险；不受威胁；不出事故。

（3）庄育智等.安全科学技术词典.北京：中国劳动出版社，1991.

安全指没有危险、不受威胁、不出事故，即消除能导致人员伤害、发生疾病、死亡，或造成设备财产破坏、损失，以及危害环境的条件。

（4）王玉元等.安全工程师手册.成都：四川人民出版社，1995.

安全指不至于对人的身体造成伤害、精神构成威胁和使财物导致损失的状态。

（5）美国安全工程师学会（ASSE）.安全专业术语词典.

安全指导致损伤的危险度是能够容许的，较为不受损害的威胁和损害概率低的通用术语。

18. 本质安全

基于事物自身特性和规律，通过消除或减少工艺、设备中存在的危险物质或危险操作的数量，避免危险而非控制危险。

本质安全旨在从源头上消除或避免危险。实现本质安全取决于生产所用材料的基本特性、工艺操作条件以及与工艺自身密切联系的其他相关特性。

以下摘录为各重要文献的有关解释：

（1）GB/T 15236—2008《职业安全卫生术语》

本质安全是通过设计等手段使生产设备或生产系统本身具有安全性，即使在误操作或发生故障的情况下也不会造成事故。

（2）吴宗之等.基于本质安全理论的安全管理体系研究.中国安全科学学报，2007（7）：54—58.

本质安全是基于事物自身特性、规律，通过消除或减少工艺、设备中存在的危险物质或危险操作的数量，避免危险而非控制危险。实现本质安全取决于生产所用材料的基本特性、工艺操作条件以及与工艺自身密切联系的其他相关特性。

本质安全的基本原则有：最小化原则；替代原则；缓和原则；简化原则。本质安全实现方法：从根源上减少或消除危险，而不是通过附加的安全防护措施来控制危险。通过采用没有危险或危险性小的材料和工艺条件，将风险减小到忽略不计的安全水平，生产过程对人、财产或环境没有危害威胁，不需要附加或应用程序安全措施。本质安全方法通过设备、工艺、系统、工厂的设计或改进来消除或减少危险，安全功能已融入生产过程、工厂或系统的基本功能或属性。

（3）孙连捷，张梦欣. 安全科学技术百科全书. 北京：中国劳动社会保障出版社，2003.

本质安全（又称本质安全化）是指机器、设备能依靠自身的安全设计，防止因人出现违章操作或误动作等的错误而发生事故，并且设备本身可以防止人的操作失误。

当设备的个别部件发生故障，或运行参数发生不正常突变时，也会由于完善的安全装置而避免工伤事故的发生。如电气设备的防爆结构能使正常状态或发生事故时所产生的电火花、电弧和高热都不会引燃易燃易爆气体。又如使用联锁保护装置控制机器设备运转系统的操作机构，一旦误打开防护装置，即可实行自行停机，锁定启动机构，保证操作者与危险区域的隔离。

（4）美国安全工程师学会（ASSE）. 安全专业术语词典.

本质安全是通过设计等手段使生产设备或生产系统本身具有安全性，即使在误操作或发生故障的情况下也不会造成事故。

19. 功能安全

基于安全相关系统整个生命周期风险分析（安全完整性分级）和功能安全要求分配的安全设计和管理方法。

以下摘录为重要文献的有关解释：

吴宗之. 基于本质安全的工业事故风险管理方法研究. 中国工程科学，2007，9（5）：46—49.

功能安全是基于对安全相关系统整个生命周期风险分析（安全完整性分级）和功能安全要求分配的安全设计和管理方法。功能安全是系统整体安全性的组成部分，整体安全性依赖于系统或者设备在输入响应下的正常运行，功能安全是一种防止安全相关系统或设备的功能失效的安全设计和管理方法。安全相关系统是指执行必要的安全功能，以使被保护对象处于安全状态的系统，包括安全控制系统和安全防护系统，由无源安全、有源安全、程序安全系统和管理标准等组成。功能安全方法的特点是将安全相关系统的安全性转化为系统各要素、部件的风险控制指标，并用安全完整性级别（SIL）来衡量一个特定过程的安全性。

20. 生产工艺安全

在生产工艺方面的安全要求和应采取的安全措施。

以下摘录为重要文献的有关解释：
庄育智等. 安全科学技术词典. 北京：中国劳动出版社，1991.
生产工艺安全指在生产工艺方面的安全要求和应采取的安全措施。

21. 危险辨识

辨识各种危险及其致因因素。

例如一个天然气加油站，有发生火灾、爆炸事故的危险，其根源是储存和加注的天然气，天然气是危险源。电气火花、静电火花等会引燃引爆天然气，因此现场的电气开关、照明灯要求防爆，开关、照明灯不防爆就是隐患，在天然气站吸烟也是隐患。

通常工作中对危险辨识、危险源辨识、隐患辨识、风险辨识并不严格区分，都是指发现危险、风险来源的具体工作或活动，但4个概念是有差别的。

22. 危险源辨识

识别危险源并确定其特性的过程。

23. 风险评价

对不良结果或不期望事件发生的概率进行描述及定量分析的系统过程。

以下摘录为各重要文献的有关解释：
（1）冯肇瑞，叶继香. 职业安全卫生词典. 成都：四川人民出版社，1990.
风险评价是指根据各种已知条件，对系统中的危险进行辨识，并评价其可能性和损失的大小，确定风险是否达到可接受的水平。

（2）向光全，陈玉基. 电力职业健康安全技术手册. 北京：中国电力出版社，2006.

风险评价也称安全性评价，是以实现系统（工程）安全为目的，应用安全系统工程原理，对系统中（如一项工程设计、一个工艺流程、一个装置或设备等）存在的危害因素进行辨识、分析、判断工程、系统发生事故和职业危害的可能性及其严重程度，并给出定性或定量的分析后，制定和实施防范措施和管理决策，实现系统安全的一种方法。

24. 安全评价

以实现安全为目的，应用安全系统工程原理和方法，辨识与分析工程、系统、生产经营活动中的危险、有害因素，预测发生事故或造成职业危害的可能性及其严重程度，提出科学、合理、可行的安全对策措施建议，做出评价结论的活动。

安全评价与风险评价内涵一致，是我国常用的术语，也称为安全风险评估。安全评价可针对一个特定的对象，也可针对一定区域范围。安全评价按照实施阶段的不同分为安全预评价、安全验收评价和安全现状评价等。

安全预评价是指在项目建设前期应用安全评价的原理和方法对系统（工程、项目）的危险性、危害性进行预测性评价，根据建设项目可行性研究报告的内容，分析和预测该项目存在的危险、有害因素的种类和程度，提出合理可行的安全技术和安全管理建议。

安全验收评价是指在建设项目竣工、试生产正常后，通过对建设项目的设施、设备、装置实际运行状况的检测、考察，查找该建设项目投产后存在的危险、有害因素，提出合理可行的、安全技术调整方案和安全管理对策的一种安全评价。其目的是验证系统安全，为安全验收提供依据。

安全现状评价是指对某一个生产经营单位总体或局部的生产经营活动安全现状，或对在用的生产装置、设备、设施、储存、运输及安全管理状况进行的综合性安全评价。

以下摘录为各重要文献的有关解释：

（1）编委会. 中国冶金百科全书·安全环保. 北京：冶金工业出版社，2000.

安全评价是定性、定量评估辨识系统中存在的危险及其发生事故的可能性及后果的严重程度，并提出进一步改进系统安全状态和管理工作建议的技术方法。

安全评价贯穿于系统寿命周期内，从规划、设计、加工、建设、生产各阶段，都必须运用安全系统工程技术方法进行安全评价，消除危险或采取措施控制危险，使危害减至可以接受的程度。虽然在各阶段评价重点有所不同，但方法论是一致的。

在风险管理和安全系统工程实践中，安全评价往往又是一个独立的范畴和一个重要的过程，用以审定重要的新建、改建工程的安全保障。很多国家都将之列为法定程序，并明确规定评价所用技术、标准、负责主持评价的机构，以确保将风险降至最低限度，落实预防为主的安全方针。

（2）孙连捷，张梦欣. 安全科学技术百科全书. 北京：中国劳动社会保障出版社，2003.

系统安全评价又称危险评价、危险性评价、风险评价。评价的目的是为了进一步搞好投资、保险，加强计划、设计、建设、生产各阶段的安全管理；便于对系统存在的危险进行充分定性和定量分析；对工艺过程和生产装置的危险做出综合评价；针对存在的安全问题，根据当前的科学技术水平和经济条件，提出有效的安全措施，以便消除危险或将危险降低到最小的程度。

危险评价是一项综合性的工作，它具有以下特点：

1）它必须对生产系统的各个环节，如生产、运输、储存等过程进行评价估量。

2）要考虑原料、动力、设备、工艺等因素。

3）不仅要考虑通常条件下工业生产的危险，还要考虑在自然灾害发生的情况下，例如遭受地震、山崩、洪水、台风等袭击时诱发的危险。

4）既要考虑危险对工厂的严重威胁，更要考虑危险对社会的破坏后果。

5）它不是针对个别作业和个别场所，而是针对全套工艺装备或整个工厂来进行的。

25. 安全风险评估

运用定性或定量的统计分析方法对安全风险进行分析、确定其严重程度，对现有控制措施的充分性、可靠性加以考虑，以及对其是否可接受予以确定的过程（GB/T 33000—2016《企业安全生产标准化基本规范》）。

26. ALARP 原则

ALARP 即 As Low As Reasonable Practice 的简称，ALARP 原则可翻译为"最低合理可行"原则。

ALARP 原则常被音译为"二拉平"原则，如下图所示。依据风险可容忍上限和下限，将风险划分为不可接受风险、ALARP 区风险、可接受风险。不可接受风险、ALARP 区风险是风险管控的重点。

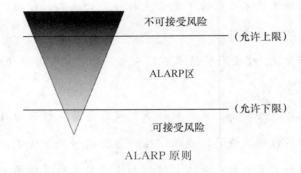

ALARP 原则

（1）不可接受风险：如果风险值超过允许上限，则不能接受（特殊情况除外）。

（2）ALARP 区风险：风险值在允许上限和允许下限之间，应采取一切切实可行的措施使风险水平"尽可能低"。

（3）可接受风险：如果风险值低于允许下限，该风险可以接受，但需持续采取安全维护措施。

27. 风险沟通

个体、群体及机构之间，在特定的突发事件发生和发展过程中交换信息和看法的互动过程。

在技术视角下，风险沟通通常被视为风险专家经由媒介向公众提供风险信息的活动，其本质是信息流动。风险社会理论视野中的风险沟通则强调所有利益相关者的平等、开放、公开的交流，其目的是维持社会群体之间社会关系的质量，增进相互信任。

风险沟通涵盖了危机的 3 个阶段：危机前、危机时期以及危机后，但是重点要放在危机前的预防工作上。风险沟通主要有 4 大类型：教育和资讯提供；行为改变和保护措施；灾难警告与紧急讯息；冲突与问题解决。风险沟通的目的包括：告知、引导以及冲突解决等。

美国国家科学院对风险沟通的解释为：指在个体、群体和机构之间的信息和观点的交互活动；不仅传递风险信息，还包括各方对风险的关注和反应（可为风险管理者提供意见和参考），还包括发布官方在风险管理方面的政策和措施。

28. 风险治理

基于科学的风险分析，考虑多种社会价值观，结合社会对风险的理解和风险评估过程，以一致的、合理的和民主的方式，制定透明的、可供相互交流的风险政策的过程。

风险治理是近年来出现的新名词，与风险管理的区别在于，风险管理侧重于技术，而风险治理侧重于社会和政策因素。

以下摘录为重要文献的有关解释：

夏保成. 西方公共安全管理. 北京：化学工业出版社，2006.

风险治理是针对确定的风险，采取最符合成本效益原则的治理战略和行动方案实施治理，以最小的投入，获取最大效果的治理结果。

29. 人为失误

又称人失误，指人的行为的结果偏离了规定的目标，或超出了可接受的界限并产生了不良的影响。不安全行为是人失误的特例。

以下摘录为重要文献的有关解释：

孙连捷，张梦欣. 安全科学技术百科全书. 北京：中国劳动社会保障出版社，2003.

人为失误又称人失误，对于它的定义众说纷纭，比较著名的专家有如下论述。

（1）皮特定义人失误为：人的行为明显偏离预定的、要求的或希望的标准，它导致不希望的时间拖延、困难、问题、麻烦、误动作、意外事件或事故。

（2）里格比认为：所谓人失误，是指人的行为的结果超出了某种可接受的界限。换言之，人失误是指人在生产操作过程中，实际实现的功能与被要求的功能之间的偏差，其结果可能以某种形式给系统带来不良的影响。根据这种定义，斯文（Swain）等人指出，人失误发生的原因有两个方面的问题：由于工作条件设计不当，即规定的可接受的界限不恰当造成的人失误，以及由于人的不恰当的行为引起的人失误。

综合上面两种论述，人失误是指人的行为的结果偏离了规定的目标，或超出了可接受的界限分并产生了不良的影响。

30. 不安全状态

可能导致事故发生的物品、设备、设施、场所、环境等客观和物质条件。

GB 6441—1986《企业职工伤亡事故分类》将不安全状态归纳为防护、保险、信号等装置缺乏或有缺陷，设备、设施、工具、附件有缺陷，个体防护用品用具缺少或有缺陷以及生产（施工）场所环境不良4大类。

以下摘录为各重要文献的有关解释：

（1）宋国华，吴耀宗，刘万庆等. 保险大辞典. 沈阳：辽宁人民出版社，1989.

不安全状态指人和物处于有可能发生人身伤亡或财产损毁的潜在危险状态，属于一种危险存在。物，即物质条件，如原材料、机器设备、工具附件、成品等。

（2）王益英. 中华法学大辞典（劳动法学卷）. 北京：中国检察出版社，1997.

不安全状态指导致事故发生的物质条件。不安全状态包括：

1）防护、保险、信号等装置缺乏或有缺陷。

2）设备、设施、工具、附件有缺陷。

3）个人防护用品用具（防护服、手套、护目镜和面罩、呼吸器官护具、听力护具、安全带、安全帽、安全鞋等）缺少或有缺陷。

4）生产（施工）场地环境不良，如照明光线不良、通风不良、作业场所狭窄等。

31. 不安全行为

造成人身伤亡事故的人为错误，包括引起事故发生的不安全动作，没有按安全规程操作的行为。

不安全行为指生产经营活动中的人违规及冒险、侥幸的行为，这些行为可能导致事故发生。"不安全行为"与"人失误""误操作"意义基本相同，"不安全行为"强调主观意愿，"人失误"还包含客观性，即人本身不可避免会发生失误行为。GB 6441—1986《企业职工伤亡事故分类》中将人的不安全行为归纳为操作失误，使用不安全设备、冒险进入危险场所13大类。

以下摘录为重要文献的有关解释：

庄育智等．安全科学技术词典．北京：中国劳动出版社，1991．

不安全行为指造成人身伤亡事故的人为错误。包括引起事故发生的不安全动作，没有按安全规程操作的行为。

32. 事故

突然发生造成人员疾病、伤亡、财产损坏或其他损失的意外事件。

事故按对象常划分为"设备事故""人身伤亡事故"等，按责任范围划分为"责任事故"和"非责任事故"，依据管理的目的可划分为不同类别的事故。

以下摘录为各重要文献的有关解释：

（1）GB/T 28001—2011《职业健康安全管理体系　要求》

事故是指造成死亡、疾病、伤害、损坏或其他损失的意外情况。

（2）GB/T 15236—2008《职业安全卫生术语》

事故是指造成死亡、疾病、伤害、损坏或其他损失的意外情况。

（3）孙连捷，张梦欣．安全科学技术百科全书．北京：中国劳动社会保障出版社，2003．

事故是指个人或集体在时间进程中，为实现某一意图而采取行动的过程中，突然发生了与人的意志相反的情况，迫使这种行动暂时地或永久地停止的事件。

事故是以人为主，在与能量系统关联中突然发生的与人的希望和意志相反的事件。事故是意外的变故或灾祸。事故现象是在人的行动过程中发生的，如以人为中心按事故后果可以分为伤亡事故和一般事故。

33. 工伤

工伤也被称为工作伤害、职业伤害等，是指劳动者生产劳动过程中，因工作原因遭遇事故伤害或罹患职业病。国际劳工通过的公约中对工伤的定义是：由于工作直接或间接引起的事故为工伤。我国的《工伤保险条例》规定了应当认定为工伤的情形。

工伤分重伤、轻伤和职业病，我国伤残等级分为 10 级。

以下摘录为各重要文献的有关解释：

（1）《工伤保险条例》（2011 年版）

第十四条 职工有下列情形之一的，应当认定为工伤：

1）在工作时间和工作场所内，因工作原因受到事故伤害的。

2）工作时间前后在工作场所内，从事与工作有关的预备性或者收尾性工作受到事故伤害的。

3）在工作时间和工作场所内，因履行工作职责受到暴力等意外伤害的。

4）患职业病的。

5）因工外出期间，由于工作原因受到伤害或者发生事故下落不明的。

6）在上下班途中，受到非本人主要责任的交通事故或者城市轨道交通、客运轮渡、火车事故伤害的。

7）法律、行政法规规定应当认定为工伤的其他情形。

第十五条 职工有下列情形之一的，视同工伤：

1）在工作时间和工作岗位，突发疾病死亡或者在 48 小时之内经抢救无效死亡的。

2）在抢险救灾等维护国家利益、公共利益活动中受到伤害的。

3）职工原在军队服役，因战、因公负伤致残，已取得革命伤残军人证，到用人单位后旧伤复发的。

职工有前款两项情形的，按照本条例的有关规定享受工伤保险待遇；职工有前款第三项情形的，按照本条例的有关规定享受除一次性伤残补助金以外的工伤保险待遇。

第十六条 职工符合本条例第十四条、第十五条的规定，但是有下列情形之一的，不得认定为工伤或者视同工伤：

1）故意犯罪的。

2）醉酒或者吸毒的。

3）自残或者自杀的。

（2）庄育智等. 安全科学技术词典. 北京：中国劳动出版社，1991.

工伤是指职工因工作或在工作时间、工作地点发生意外事故而造成的伤害。

34. 工伤事故

工人、职员、个人雇工在工作时间、工作场合内，因工作原因所遭受的人身伤亡的突发性伤害事故。

以下摘录为重要文献的有关解释：

GB 6441—1986《企业职工伤亡事故分类》

职工伤亡事故指企业职工在生产劳动过程中，发生的人身伤害、急性中毒。

综合考虑起因物、引起事故的诱导性原因、致害物、伤害方式等，职工伤亡事故分为 20 类：物体打击、车辆伤害、机械伤害、触电、火灾、起重伤害、高处坠落、灼烫、淹溺、坍塌、冒顶片帮、透水、放炮（爆破）、容器爆炸、锅炉爆炸、瓦斯爆炸、火药爆炸、其他爆炸、中毒和窒息、其他伤害。

35. 轻伤

损失工作日低于 105 日的失能伤害。

以下摘录为各重要文献的有关解释：

（1）GB 6441—1986《企业职工伤亡事故分类标准》

轻伤是指损失工作日 105 天以下，称为轻伤。

（2）庄育智等. 安全科学技术词典. 北京：中国劳动出版社，1991.

轻伤为损失工作日低于 105 日的失能伤害。

（3）王保捷. 法医学（第 5 版）. 北京：人民卫生出版社，2008.

轻伤是指物理化学及生物等各种外界因素作用于人体，造成组织、器官结构的一定程度的损害或者部分功能障碍，但不危及生命和造成严重残废的损伤，尚未构成重伤又不属于轻微伤的损伤。

36. 重伤

损失工作日等于或超过 105 日的失能伤害。

以下摘录为各重要文献的有关解释：

（1）GB 6441—1986《企业职工伤亡事故分类标准》

重伤是指损失工作日 105 天以上，称为重伤。

（2）王保捷. 法医学（第 5 版）. 北京：人民卫生出版社，2008.

重伤是指有危及生命或者并发症危及生命的损伤，损伤造成重要器官的破损或严重的功能障碍，包括：直接危及生命；直接引起危及生命严重并发症；直接引起严重后遗症；引起重要器官严重丧失功能的；引起肢体残废；引起毁容。

（3）1960年，劳动部印发的《关于重伤事故范围的意见》

凡有下列情形之一的，均作为重伤事故处理：

1）经医师诊断成为残废或可能成为残废的。

2）伤势严重，需要进行较大的手术才能挽救的。

3）人体要害部位严重灼伤、烫伤或虽非要害部位但灼、烫占全身面积三分之一以上的。

4）严重骨折（胸骨、肋骨、脊椎骨、锁骨、肩胛骨、腕骨、腿骨和脚骨等因伤引起骨折）、脑震荡等。

5）眼部受伤较剧，有失明可能的。

6）手部伤害：大拇指轧断一节的；食指、中指、无名指、小指任何一只轧断两节或任何两指各轧断一节的；局部肌腱受伤甚剧，引起机能障碍，有不能自由伸屈的残废可能的。

7）脚部伤害：脚趾轧断三只以上的；局部肌腱受伤甚剧，引起机能障碍，有不能行走自如的残废可能的。

8）内部伤害：内脏损伤、内出血或伤及腹膜的。

9）凡不在上述范围以内的伤害，经医院诊察后，认为受伤较重，可根据实际情况参考上述各点，由企业行政会同工会作个别研究提出初步意见，由当地劳动部门审查确定。

37. 责任事故

由于设计、施工、操作或管理的过失所导致的事故。

以下摘录为各重要文献的有关解释：

（1）庄育智等. 安全科学技术词典. 北京：中国劳动出版社，1991.

责任事故是指由于设计、施工、操作或管理的过失所导致的事故。责任事故主要是工作人员不负责任、玩忽职守，违章作业、违章指挥所造成的。

我国《刑法》规定对于从事交通运输的人员，因违反规章制度而造成的事故；对于工矿企业及事业单位职工，由于不服管理、违反规章制度，或者强令工人冒险作业而发生的事故；对于违反爆破性、易燃性、放射性、毒害性、腐蚀性物品的管理规定，在生产、储存、运输、使用中发生的事故，都属于责任事故。造成严重后果的责任事故，有关责任人要受到刑事处分。

（2）孙连捷，张梦欣. 安全科学技术百科全书. 北京：中国劳动社会保障出版社，2003.

责任事故是指有关人员的过失而造成的事故。

（3）编委员. 中国职业安全卫生百科全书. 北京：中国劳动出版社，1991.

责任事故是指因有关人员的过失而造成的事故。

38. 非责任事故

由于自然灾害或其他原因所导致的非人力所能预防的事故。

以下摘录为重要文献的有关解释：

夏利渊. 中国烟草百科知识. 北京：中国轻工业出版社，1992.

非责任事故，即由于自然灾害或其他原因所导致的非人力所能全部预防的事故。

39. 事故原因

导致事故发生的直接原因和间接原因。

事故原因可分为直接原因和间接原因：直接原因指直接导致事故发生的原因，又称一次原因，也是在时间上最接近事故发生的原因；间接原因指使事故直接原因得以产生和存在的原因。

事故直接原因通常分为人的原因和物的原因两类：人的原因是指由人的不安全行为所引起；物的原因指物的不安全状态。

以下摘录为重要文献的有关解释：

冯肇瑞，叶继香. 职业安全卫生词典. 成都：四川人民出版社，1990.

（1）直接原因

直接原因通常分为人的原因和物的原因两类：

1）人的原因是指由人的不安全行为所引起，如忽视和违反安全规程，违章驾驶机动车，拆除安全装置，操作错误，冒险进入危险场所，使用不安全设备，有分散注意力行为，未戴安全帽等。

2）物的原因指物的不安全状态，如防护、保险、信号等装置缺乏或有缺陷，设备设计不合理，材料强度不够，作业场所狭窄，作业场地杂乱，照明光线不良，通风不良，环境温度、湿度不当，设备超负荷运转等。

为了便于事故统计和分析，GB 6441—1986《企业职工伤亡事故分类》对人的不安全行为和物的不安全状态作了详细分类。

（2）间接原因

间接原因有以下几种：

1）技术和设计上有缺陷，包括工业构件、建筑物、机械设备、仪器仪表、工艺过程、操作方法、维修检验等的设计、施工和材料使用中存在的缺陷。

2）教育培训不够，表现在劳动者的安全知识和经验不足，对作业过程中的危险性及其安全运行方法无知、轻视、不理解、训练不足等。

3）身体的原因，包括身体有缺陷，如眩晕、头疼、癫痫病、高血压等疾病，近视、耳聋等残疾，身体过度疲劳，酒醉等。

4）精神的原因，包括急慢、反抗、不满等不良态度，烦躁、紧张、恐怖、心不在焉等精神状态，偏狭、固执等性格缺陷等。

5）劳动组织不合理，管理上有缺陷，包括企业主要领导人对安全的责任心不强，作业标准不明确，缺乏检查保养制度，人事配备不完善，对现场工作缺乏检查或指导错误，没有健全的安全操作规程，没有或不认真实施事故防范措施等。

6）学校教育的原因，如各级教育组织中的安全教育不完全，不彻底等。

7）社会和历史原因，如有关的安全法规或行政机构不完善，社会思想不开化，人们对安全的认识不够，产业发展的历史过程等。

以上1～5条又称二次原因，6～7条又称基础原因。防止事故的根本对策，就是分析事故原因，追溯二次原因和基础原因，找出消除事故隐患的方法。

40. 起因物

导致事故发生的物体、物质。

起因物一词，在有些翻译资料中，译为"事故祸源""事故作用"，其含义都是强调物的不安全因素，与起因物意义、作用一致。

以下摘录为各重要文献的有关解释：

（1）GB 6441—1986《企业职工伤亡事故分类标准》

起因物是指导致事故发生的物体、物质。起因物包括锅炉、压力容器、电气设备、起重机械、泵及发动机、企业车辆、船舶、动力传送机构、放射性物质及设备、非动力手工具、电动手工具、其他机械、建筑物及构筑物、化学品、煤、石油制品、水、可燃性气体、金属矿物、非金属矿物、粉尘、梯、木材、工作面（人站立面）、环境、动物及其他总共 27 大类。

（2）冯肇瑞，叶继香. 职业安全卫生词典. 成都：四川人民出版社，1990.

起因物是指导致事故发生的物体、物质，是记录事故发生的物质方面的原因，是划定事故类别的重要依据。

（3）庄育智等. 安全科学技术词典. 北京：中国劳动出版社，1991.

起因物是指导致事故发生的物体、物质。

41. 致害物

在伤亡事故中，直接引起人体伤害的物体、物质。

致害物的定义及使用方法各国基本相同，英美等国家常称为伤害源；日本称之为加害物。

以下摘录为各重要文献的有关解释：

（1）GB 6441—1986《企业职工伤亡事故分类标准》

致害物是指直接引起伤害及中毒的物体或物质。致害物包括煤及石油产品、木材、水、放射性物质、电气设备、梯、空气、工作面（人站立面）、矿石、黏土（砂、石）、锅炉和压力容器、大气压力、化学品、机械、金属件、起重机械、噪声、蒸汽、手工具（非动力）、电动手工具、动物、企业车辆、船舶共 23 大类 106 小类。

（2）庄育智等. 安全科学技术词典. 北京：中国劳动出版社，1991.

致害物是指在伤亡事故中，直接引起人体伤害的物体、物质。

42. 事故损失

意外事件造成的生命与健康的丧失、物质或财产的毁坏、时间的损失、环境的破坏等。

以下摘录为各重要文献的有关解释：

（1）GB 6721—1986《企业职工伤亡事故经济损失统计标准》

事故经济损失指企业职工在劳动生产过程中发生伤亡事故所引起的一切经济损失，包括直接经济损失和间接经济损失。

直接经济损失指因事故造成人身伤亡及善后处理支出的费用和毁坏财产的价值。

间接经济损失指因事故导致产值减少、资源破坏和受事故影响而造成其他损失的价值。

（2）孙连捷，张梦欣．安全科学技术百科全书．北京：中国劳动社会保障出版社，2003.

事故损失指意外事件造成的生命与健康的丧失、物质或财产的毁坏、时间的损失、环境的破坏。

事故直接经济损失指与事故当时的、直接相联系的、能用货币直接估价的损失，如事故导致的资源、设备（设施）、材料、产品等物质或财产的损失。事故间接经济损失指与事故间接相联系的、能用货币直接估价的损失，如事故导致的处理费用、赔偿费、罚款、劳动时间损失、停工或停产损失等事故非当时的间接经济损失。

事故直接非经济损失指与事故当时的、直接相联系的、不能用货币直接估价的损失，如事故导致的人的生命与健康、环境的毁坏等无直接价值（只能间接估价）的损失。事故间接非经济损失指与事故间接相联系的、不能用货币直接估价的损失，如事故导致的工效影响、声誉损失、政治安定影响等。

43. 工伤保险

工伤保险是指职工在生产劳动过程中或在规定的某些与工作密切相关的特殊情况下遭受意外伤害事故或罹患职业病导致死亡，或不同程度地丧失劳动能力时，工伤职工或工亡职工近亲属能够从国家、社会得到必要的医疗救助和经济物质补偿。这种补偿既包括医疗所需、康复所需，也包括生活保障所需。

在我国，工伤保险是社会保障体系的重要组成部分，国家通过立法强制实施，已逐步形成工伤预防、工伤补偿、工伤康复三位一体的模式。依据《工伤保险条例》，用人单位负担全部工伤保险费的缴纳，职工个人不缴纳任何费用。

以下摘录为重要文献的有关解释：

庄育智等．安全科学技术词典．北京：中国劳动出版社，1991.

工伤保险指职工因工作而负伤、致残、死亡时，国家或单位给予本人及其供养直系亲属的物质帮助。因工致残（包括职业病所造成的残废在内）属于工伤保险，所谓致残就是指劳动者永久地部分或全部丧失劳动能力。因工伤致残者按国家有关法规享受保险待遇。

44. 劳动防护用品

由用人单位为劳动者配备的,使其在劳动过程中免遭或者减轻事故伤害及职业病危害的个体防护装备。

劳动防护用品又称个体防护用品,简称劳保用品。

以下摘录为各重要文献的有关解释:

(1)庄育智等.安全科学技术词典.北京:中国劳动出版社,1991.

劳动防护用品是指用于保护劳动者生产劳动过程中的安全与健康的个人防护用品和用具。国家对劳动保护用品的生产和使用有特殊规定。

(2)GB/T 15236—2018《职业安全卫生术语》

个人防护用品指为使职工在职业活动过程中免遭或减轻事故和职业危害因素的伤害而提供的个人穿戴用品。

(3)《用人单位劳动防护用品管理规范》(安监总厅健〔2015〕124号)

劳动防护用品是由用人单位提供的,保障劳动者安全与健康的辅助性、预防性措施,不得以劳动防护用品替代工程防护设施和其他技术、管理措施。

用人单位应当安排专项经费用于配备劳动防护用品,不得以货币或者其他物品替代。该项经费计入生产成本、据实列支。

45. 特种作业

容易发生事故,对操作者本人、他人的安全健康及设备、设施的安全可能造成重大危害的作业。特种作业的范围由特种作业目录规定。

根据《特种作业人员安全技术培训考核管理规定》(2010年4月国家安全生产监督管理总局令第30号公布,2015年5月国家安全生产监督管理总局令第80号修改),特种作业包括:电工作业、焊接与热切割作业、高处作业、制冷与空调作业、煤矿安全作业、金属非金属矿山安全作业、石油天然气安全作业、冶金(有色)生产安全作业、危险化学品安全作业、烟花爆竹安全作业、安全监管总局认定的其他作业共11个作业类别、51个工种。

46. 特种作业人员

直接从事特种作业的从业人员（国家安全生产监督管理总局《特种作业人员安全技术培训考核管理规定》）。

从事特种作业的人员，必须进行安全教育和安全技术培训，经考核合格取得《中华人民共和国特种作业操作证》后，方准上岗作业。取得操作证的特种作业人员，必须定期进行复审。

47. 特种设备

对人身和财产安全有较大危险性较大的锅炉、压力容器（含气瓶）、压力管道、电梯、起重机械、客运索道、大型游乐设施和场（厂）内专用机动车辆，以及法律行政法规规定的其他特种设备。国家对特种设备实行目录管理。根据《中华人民共和国特种设备安全法》（中华人民共和国主席令第 4 号，2013 年 6 月公布），国家对特种设备的生产、经营、使用，实施分类的、全过程的安全监督管理。

48. 安全生产责任制

根据我国的安全生产方针"安全第一、预防为主、综合治理"和安全生产法律法规建立的各级领导、职业部门、工程技术人员、岗位操作人员在劳动生产过程中对安全生产层层负责的制度。安全生产责任制是企业岗位责任制的一个组成部分，是企业最基本的一项安全制度，也是企业安全生产、劳动保护管理制度的核心。

以下摘录为各重要文献的有关解释：

（1）孙连捷，张梦欣. 安全科学技术百科全书. 北京：中国劳动社会保障出版社，2003.

安全生产责任制是指企业的各级生产领导、职能部门和个人对安全生产工作应负责任的规定。

（2）卞耀武等. 中华人民共和国安全生产法读本. 北京：煤炭工业出版社，2002.

安全生产责任制度，是指由企业主要负责人应负的安全生产责任，其他各级管理人员、技术人员和各职能部门应负的安全生产责任，直到各岗位操作人员应负的本岗位安全生产责任所构成的企业全员安全生产制度。安全生产责任制度是企业安全生产规章制度中的重要组成部分。在企业安全生产责任制中，企业的主要负责人应对本单位的安全生产工作全面负责，其他各级管理人员、职能部门、技术人员和各岗位操作人员，应当根据各自的工作任务、岗位特点，确定其在安全生产方面应做的工作和应负的责任，并与奖惩制度挂钩。只有从企业负责人到各岗位操作人员人人都有明确的安全生产责任，人人都按照自己的职责做好安全生产工作，企业的安全生产工作才能真正落到实处，安全生产才能得到保障。

安全生产责任制的主要内容有：

1）生产经营单位主要负责人的安全生产责任制。生产经营单位的主要负责人或者正职是安全生产的第一责任者，对本单位的安全生产工作全面负责。

2）生产经营单位负责人或者副职的安全生产责任制。生产经营单位负责人或者副职在各自职责范围内，协助主要负责人或者正职搞好安全生产工作。

3）生产经营单位职能管理机构负责人及其工作人员的安全生产责任制。职能管理机构负责人按照本机构的职责，组织有关工作人员做好安全生产工作，对本机构职责范围的安全生产工作负责。职能机构工作人员在本职责范围内做好有关安全生产工作。

4）班组长安全生产责任制。班组长是搞好安全生产工作的关键，是法律、法规的直接执行者。安全生产工作搞得好不好，关键在班组长。班组长督促本班组的工人遵守有关安全生产规章制度和安全操作规程，不违章指挥，不违规作业，不强令工人冒险作业，遵守劳动纪律，对本班组的安全生产负责。

5）岗位工人的安全生产责任制。接受安全生产教育和培训，遵守有关安全生产规章和安全操作规程，遵守劳动纪律，对本岗位的安全生产负责。特种作业人员必须接受专门的培训，经考试合格取得操作资格证书的，方可上岗作业。

49. 安全目标管理

企业在一定时期内制定的具体实施安全生产管理的目标，以及为实现这一目标所需进行的计划、决策、组织、协调、实施、考核等一系列工作的总称。

安全目标管理即安全生产目标管理，是以安全目标为核心开展安全生产管理活动的一种方法。

以下摘录为各重要文献的有关解释：

（1）庄育智等. 安全科学技术词典. 北京：中国劳动出版社，1991.

安全生产目标管理是安全生产科学管理的一种方法。根据企业的整体目标，在分析外部环境和内部条件的基础上确定安全生产所要达到的目标并努力实现。

安全生产目标通常以千人负伤率、万吨产品死亡率、尘毒作业点合格率、噪声作业点合格率和设备完好率等预期达到的目标值来表示。

安全生产目标管理的任务是制定奋斗目标，明确责任，落实措施，实行严格的考核与奖惩，以激励广大职工积极参加全面、全员、全过程的安全生产管理，主动按照安全生产的奋斗目标，按照安全生产责任制的要求，落实安全措施，消除人的不安全行为和物的不安全状态。

企业和企业管理部门要制订安全生产目标管理计划，经主管领导审查同意，由主管部门与实行安全生产目标管理单位签订合同。安全生产目标管理应纳入各单位的目标管理计划，主要领导人（企业法人代表）应对安全生产目标管理计划的制订与实施负总的责任。

（2）隋鹏程等.安全原理.北京：化学工业出版社，2005.

安全目标管理是企业目标管理的重要组成部分。在制定企业生产经营目标体系、实施整体目标、评价目标成果的各阶段，都必须同时建立安全目标，实施安全目标，同时评价安全目标成果。

目标管理的基本内容是动员全体职工参加制定目标并保证目标的实现。具体地说，是由本单位主要负责人根据上级要求和本单位具体情况，在充分听取广大职工意见的基础上制定出整个组织的总目标；然后进行层层展开、层层落实，要求下属各部门负责人以至每个职工根据上级的目标，分别制定个人目标和保证措施，形成一个全单位的、全过程的、多层次的目标管理体系。安全目标管理分 3 个阶段：目标体系的制定、目标的实施阶段、成果的评价阶段。

50. 安全风险管理

根据安全风险评估的结果，确定安全风险控制的优先顺序和安全风险控制措施，以达到改善安全生产环境、减少和杜绝生产安全事故的目标（GB/T 33000—2016《企业安全生产标准化基本规范》）。

51. 工作场所

从业人员进行职业活动，并由企业直接或间接控制的所有工作点（GB/T 33000—

2016《企业安全生产标准化基本规范》)。

52. 作业环境

从业人员进行生产经营活动的场所以及相关联的场所，对从业人员的安全、健康和工作能力，以及对设备（设施）的安全运行产生影响的所有自然和人为因素（GB/T 33000—2016《企业安全生产标准化基本规范》)。

53. 安全检查

保持作业的安全条件、纠正不安全操作方法、及时发现不安全因素、排除隐患所采用的一种手段，是企业安全生产管理的重要内容。

安全检查包括经常性检查、定期检查、专业检查和季节性检查等。

以下摘录为各重要文献的有关解释：

（1）庄育智等. 安全科学技术词典. 北京：中国劳动出版社，1991.

安全检查指国家安全生产监督管理部门、企业主管部门或企业自身所进行的对企业贯彻国家安全生产法规政策的情况、安全生产状况、劳动条件、事故隐患等的检查。

安全检查包括经常性检查、定期检查、专业检查和季节性检查。

经常性检查是指安全技术人员和车间、班组干部、职工对安全的自查、周查和月查；定期检查是企业组织的定期（如每季度、半年或一年）全面的安全检查；专业检查是根据设备或季节特点进行专项的专业安全检查，如防火、防爆、防暑检查等；季节性检查是针对气候特点（如夏季、冬季、雨季、风季等）可能对施工生产带来的安全危害而组织的安全检查。安全检查内容主要包括：查思想、查制度、查纪律、查领导、查设备、查安全卫生装置、查个人防护用品的使用情况等。

（2）编委会. 中国冶金百科全书·安全环保. 北京：冶金工业出版社，2000.

安全检查是保持作业的安全条件，纠正不安全操作方法，及时发现不安全因素，排除隐患所采用的一种手段，是企业安全生产管理的重要内容。安全检查通常可分为一般检查、专业检查、季节性检查、定期检查、连续检查、突击检查、特种检查等，按检查手段又可分为仪器检测、肉眼观察、口头询问等。安全检查由各基层单位的专职或兼职安全技术人员负责进行检查，企业各级领导人员、工程技术人员、工人各自负责自己责任范围内的安全检查工作。

54. 安全技术措施计划

依照法律法规的规定，为改善劳动条件而实施的技术措施计划。

安全技术措施计划又称劳动保护技术措施计划，简称安措计划。

以下摘录为各重要文献的有关解释：

(1) 庄育智等. 安全科学技术词典. 北京：中国劳动出版社，1991.

安全技术措施计划又称劳动保护技措计划，指依照国家规定为改善劳动条件而实施的技术措施计划。

安全技术措施计划是有计划地逐步改善劳动条件的重要工具，是实现劳动保护工作计划的重要措施。1953 年 11 月 5 日，中华人民共和国国务院财政经济委员会要求各企业主管部门编制安全技术措施计划。1954 年 11 月 18 日，原劳动部发布《关于厂矿企业编制安全技术劳动保护措施计划的通知》，对编制措施计划的项目范围、职责、程序和经费等问题做了明确的规定。1956 年 9 月 21 日，原劳动部和全国总工会联合发布《安全技术措施计划的项目总名称表》对劳动保护技措计划所包含的安全技术、工业卫生、辅助厂房及设施、宣传教育等措施项目范围做了具体规定。1979 年 7 月 12 日，原国家劳动总局和中华全国总工会发出《关于认真贯彻执行"安全技术措施计划的项目总名称表"的通知》，强调各地区、各工业部门和企业单位要继续认真贯彻执行 1956 年原劳动部和全国总工会发布的《安全技术措施计划的项目总名称表》，各地还可根据不同情况做出具体的补充规定。这些都有力地推动了劳动保护技措计划的编制与执行工作的开展。

(2) 王益英. 中华法学大辞典（劳动法学卷）. 北京：中国检察出版社，1997.

安全技术措施计划制度是企业为改善劳动条件、防止伤亡事故、预防职业病和职业中毒而编制的劳动保护管理制度之一。1963 年 3 月 30 日，国务院发布《关于加强企业生产中安全工作的几项规定》规定：企业在编制生产、技术、财务计划的同时，必须编制安全技术措施计划。

(3) 编委会. 中国电力百科全书·火力发电卷. 北京：中国电力出版社，2001.

安全技术劳动保护措施计划：简称安措计划，是为改善劳动条件，改造、更新安全工器具，消除生产中危及人身安全的因素，防止职业危害而制订的实施计划。主要内容包括：防止人身伤亡事故的对策；防尘、防毒、防噪声等的治理措施；改善劳动条件，防止职业病和职业中毒等措施。目的是集中有限的人力、物力、财力，优先解决严重影响员工安全和健康的重要问题。安措计划一般由企业的安监部门负责编制，但项目需经基层工会同意，其执行情况的检查一般与安措计划一并进行。

55. 安全投入

投入安全活动的一切人力、物力和财力的总和。

以下摘录为各重要文献的有关解释：

（1）现代汉语词典. 北京：商务印书馆，2002.

投资有两种解释：一是把资金投入企业；二是泛指为达到一定目的而投入资金。

（2）孙连捷，张梦欣. 安全科学技术百科全书. 北京：中国劳动社会保障出版社，2003.

投资，是商品经济的产物，是以交换、增值取得一定经济效益为目的的。安全，很大程度上是为生产服务的：首先，安全保护了人，而人是生产中最重要的生产力因素；其次，安全维护和保障了生产资料和生产的环境，使技术的生产功能得以充分发挥。因此，安全对经济的增长和经济的发展具有一定的作用，安全活动应被看成一种有创造价值意义的活动，一种能带来经济效益的活动。所以，把安全的经济投入也称作投资。

安全活动是以投入一定的人力、物力、财力为前提的。我们把投入安全活动的一切人力、物力和财力的总和称为安全投资，也称为安全资源。因此，在安全活动实践中，安全专职人员的配备、安全与卫生技术措施的投入、安全设施维护、保养及改造的投入、安全教育及培训的花费、个体劳动防护及保健费用、事故援救及预防、事故伤亡人员的救治花费等，都是安全投资。而事故导致的财产损失、劳动力的工作日损失、事故赔偿等，非目的性（提高安全活动效益的目的）的被动和无益的消耗，则不属于安全投资的范畴。

56. 安全成本

为了预防、控制和处理事故发生所用的费用，以及因事故发生而造成的费用损失之和。

以下摘录为各重要文献的有关解释：

（1）雷正保. 交通安全概论. 北京：人民交通出版社，2010.

安全成本是企业成本的一个重要组成部分。其主要内容是指为了预防、控制和处理安全事故发生所用去的费用，以及出于安全事故发生而造成的费用损失之和。按其发生的性质可分为预防费用与损失费用；按其发生的方式可以分为企业安全费用与安全控制点上的费用。

（2）马春玲，陈学锋，王伟. 浅谈安全成本分析与特性在煤炭管理中的应用. 安全生产，1997（3）：35—39.

安全成本就是与安全有关的费用总和，即安全成本是为保证安全而支出的一切费用和因安全问题而产生的一切损失费用的总和。

57. 安全生产标准化

企业通过落实企业安全生产主体责任，通过全员全过程参与，建立并保持安全生产管理体系，全面管控生产经营活动各环节的安全生产与职业卫生工作，实现安全健康管理系统化、岗位操作行为规范化、设备设施本质安全化、作业环境器具定置化，并持续改进（GB/T 33000—2016《企业安全生产标准化基本规范》）。

"安全生产标准化"与"劳动安全标准化""质量安全标准化"是同义词。

以下摘录为各重要文献的有关解释：

（1）王益英. 中华法学大辞典（劳动法学卷）. 北京：中国检察出版社，1997.

劳动安全标准化指国家规定在劳动安全工作中所采用的标准化管理措施。劳动安全标准是劳动安全工作的技术法规，是执行安全监督的法定技术依据，是促进劳动安全工作的科学管理和保障劳动者安全、健康的重要手段。1981年4月11日原国家劳动总局《关于开展劳动安全标准化工作的通知》指出：国务院各有关部、委、局的安全管理部门，各地区劳动部门，应将开展劳动安全标准化工作纳入劳动安全的工作计划。各部门、各地区在制定有关劳动安全、卫生技术标准或规程时，应以标准的形式予以公布，以便生产、技术部门贯彻执行。技术先进，经济合理，安全可靠，是制定标准的三项原则。安全可靠是技术先进的一项重要指标，是达到经济合理的前提，也是产品质量的重要组成部分。各部门、各地区在制定、审批产品标准时，应切实遵守安全可靠这项原则。各级劳动部门应协同标准化管理部门，做好这方面的监督检查工作，对不符合安全可靠原则的标准，不应批准，已经公布的，应当制订计划，尽快补充、修订。

（2）全国安全生产委员会. 我国安全生产标准化步入新的发展轨道. 轻工标准与质量，2007（06）：46－47.

安全生产标准化的基本要求是，企业在生产经营和管理活动过程中，自觉贯彻执行有关安全生产法律、法规、规程、规章和标准，依据这些法律、法规、规程、规章和标准制定本企业安全生产方面的规章、制度、规程、标准、办法，并在企业生产经营管理工作的全过程、全方位、全员中、全天候地切实得到贯彻实施，使企业的安全生产工作得到不断加强并持续改进，使企业的本质安全水平不断得到提升，使企业的人、机、环始终处于和谐并保持在最好的安全状态下运行，进而保证和促进企业在安全的前提下健康快速地发展。

2007 年 6 月 16 日，国家标准委批准成立了全国安全生产标准化技术委员会及其 7 个分技术委员会。这是我国安全生产领域第一个全国性的标准化技术委员会。全国安全生产标准化技术委员会的专业范围是矿山安全、粉尘防爆、涂装作业安全、化学品安全、烟花爆竹安全、工矿商贸安全（不包括已有安全生产主管部门的行业）以及有关综合性的安全生产等领域国家标准制修订工作。

58. 职业健康安全管理体系

为建立职业安全健康方针和目标并实现这些目标所制定的一系列相互联系和相互作用的要素。它包括为制定、实施、实现、评审和保持职业健康安全方针和目标所需的资源、组织、职责、策划、惯例、程序和过程。

以下摘录为重要文献的有关解释：

GB/T 28001—2011《职业健康安全管理体系规范　要求》

职业健康安全管理体系是总的管理体系的一个部分，便于组织对与其业务相关的职业健康安全风险的管理，它包括为制定、实施、实现、评审和保持职业健康安全方针所需的组织结构、策划活动、职责、惯例、程序过程和资源。

59. 企业主要负责人

有限责任公司、股份有限公司的董事长、总经理，其他生产经营单位的厂长、经理、矿长，以及对生产经营活动有决策权的实际控制人（GB/T 33000—2016《企业安全生产标准化基本规范》）。

60. 相关方

工作场所内外与企业安全生产绩效有关或受其影响的个人或单位，如承包商、供应商等（GB/T 33000—2016《企业安全生产标准化基本规范》）。

61. 承包商

在企业的工作场所按照双方协定的要求向企业提供服务的个人或单位（GB/T 33000—2016《企业安全生产标准化基本规范》）。

62. 供应商

为企业提供材料、设备或设施及服务的外部个人或单位（GB/T 33000—2016《企业安全生产标准化基本规范》）。

63. 变更管理

对机构、人员、管理、工艺、技术、设备设施、作业环境等永久性或暂时性的变化进行有计划的控制，以避免或减轻对安全生产的影响（GB/T 33000—2016《企业安全生产标准化基本规范》）。

64. 安全认证

有关机构根据国家标准化法规和安全法规对特种设备、安全防护用品、安全防护装置、设备和仪器仪表的生产、销售和使用实施的监督检查制度。

以下摘录为重要文献的有关解释：

庄育智等. 安全科学技术词典. 北京：中国劳动出版社，1991.

安全认证指劳动部门根据国家标准化法规和劳动安全法规对特种设备、安全防护用品、安全防护装置设备和仪器仪表的生产、销售和使用实施的监督检查制度。

安全认证的产品由国家指定，由依法组织的认证委员会进行企业审查、产品检验、批准认可、监督检查。

65. 安全许可

国家对矿山企业、建筑施工企业和危险化学品、烟花爆竹、民用爆破器材生产企业实行安全生产许可制度。企业未取得安全生产许可证的，不得从事生产活动。

以下摘录为各重要文献的有关解释：

（1）《安全生产许可条例》（国务院令第 397 号）

国家对矿山企业、建筑施工企业和危险化学品、烟花爆竹、民用爆破器材生产企业实行安全生产许可制度。国务院安全生产监督管理部门负责中央管理的非煤矿山企业和危险化学品、烟花爆竹生产企业安全生产许可证的颁发和管理；省、自治区、直辖市人民政府安全生产监督管理部门负责除国务院安全生产监督管理部门管理以外的非煤矿山企业和危险化学品、烟花爆竹生产企业安全生产许可证的颁发和管理，并接受国务院安全生产监督管理部门的指导和监督；国家煤矿安全监察机构负责中央管理的煤矿企业安全生产许可证的颁发和管理；在省、自治区、直辖市设立的煤矿安全监察机构负责除国家煤矿安全监察机构管理以外的其他煤矿企业安全生产许可证的颁发和管理，并接受国家煤矿安全监察机构的指导和监督。国务院建设主管部门负责中央管理的建筑施工企业安全生产许可证的颁发和管理；省、自治区、直辖市人民政府建设主管部门负责除国务院建设主管部门管理以外的建筑施工企业安全生产许可证的颁发和管理，并接受国务院建设主管部门的指导和监督。国务院国防科技工业主管部门负责民用爆破器材生产企业安全生产许可证的颁发和管理。

（2）环境科学大辞典编辑委员会. 环境科学大辞典. 北京：中国环境科学出版社，1991.

民用核设施安全许可制度是指关于民用核设施的建造、运行、操纵、迁移、转让或退役必须依法许可后方可进行的一系列法律规定的总称。安全许可制度是《中华人民共和国核安全法》的一项重要制度。我国相关法律法规规定，国家核安全局负责制定和批准颁发核设施安全许可证件；在核设施建造前，营运单位必须向国家核安全局提交《核设施建造申请书》《初步安全分析报告》及其他有关资料，经审核批准获得《核设施建造许可证》后方可动工；在核设施运行前，必须向国家核安全局提交《核设施运行申请书》《最终安全分析报告》及其他有关资料，经审核批准获得允许装料或投料、调试的批准文件后，方可开始装载核燃料（或投料）进行启动调试工作，在获得

《核设施运行许可证》后方可正式运行。发给《核设施建造许可证》和《核设施运行许可证》的条件是，所申请的项目必须已按照规定经国家主管部门及计划部门或省级人民政府的计划部门批准，所选厂址已经国家或省级环境保护部门、计划部门和国家核安全局批准，所申请的核设施符合国家有关的法律及核安全法规的规定，申请者具有安全营运所申请的核设施的能力，并保证承担全面的安全责任。核设施操纵员必须在从业前依法获得《操纵员执照》或《高级操纵员执照》。操纵员必须在身体、学历、培训、考核或经历等方面达到规定要求。核设施的转让、迁移、退役必须向国家核安全局提出申请，经审查批准后方可进行。

66. 安全标准

以保护人和物的安全为目的而制定的准则和依据。

"标准"是对重复事物和概念所做的统一规定，它以科学、技术和实验的综合成果为基础，经有关方面协商一致，由主管机构批准，以特定形式发布，作为共同遵守的准则和依据。

以下摘录为各重要文献的有关解释：

（1）熊武一，周家法总编；卓名信，厉新光，徐继昌等主编. 军事大辞海·上. 北京：长城出版社，2000.

安全标准是指保证某种设备安全运转或某些作业安全而制定的标准。

（2）张堂恒. 中国茶学辞典. 上海：上海科学技术出版社，1995.

为保护人和物安全制定的标准，称为安全标准。安全标准一般有两种形式：一种是专门的安全标准；另一种是在产品标准或工艺标准中列出有关安全的要求和指标。从标准的内容来讲，安全标准可包括劳动安全标准、锅炉和压力容器安全标准、电气安全标准和消费品安全标准等。安全标准一般均为强制性标准，由国家通过法律或法规的形式规定强制执行。

67. 安全技术规程

为保障劳动者安全，防止生产过程中的伤亡事故而制定的标准规范。

"安全技术规程"既有技术措施的规定，又有组织管理措施的规定。

以下摘录为各重要文献的有关解释：

（1）邹瑜，顾明，高扬瑜等．法学大辞典．北京：中国政法大学出版社，1991．

安全技术规程是指国家为了防止和消除在生产过程中的伤亡事故，保障劳动者安全和减轻繁重的体力劳动而规定的各种法律规范。内容包括机器设备的安全装置，电气设备的安全装置，动力锅炉的安全装置，工作地点的安全措施，厂院建筑物和道路的安全措施等方面的安全技术规定。不同行业需要解决的安全技术问题不同，采取的技术措施等就不同，如机器设备、电气设备、动力锅炉等安全技术问题是机械工业企业和其他加工装配企业需要解决并加以规定的；建筑安装工程部门则要对高空作业中的安全技术问题做出规定。

（2）中国大百科全书总编辑委员会法学编辑委员会卷编．中国大百科全书（法学卷）．北京：中国大百科全书出版社，1992．

安全技术规程是指国家为防止和消除生产中的伤亡事故，保障劳动者安全而制定的各种法律规范。

68. 安全操作规程

从业人员操作机器设备和调整仪器仪表时，必须遵守的程序和注意事项。

"安全操作规程"简称"安全规程"，是我国企业建立的安全卫生规章制度重要组成部分。安全操作规程的主要内容包括：操作步骤和程序，安全技术知识和注意事项，使用个人防护用品的方法，预防事故的紧急措施，设备维修保养技术要求及注意事项等。

以下摘录为各重要文献的有关解释：

（1）中国劳改学会．中国劳改学大辞典．北京：社会科学文献出版社，1993．

企业为保证安全生产而对不同工种所制定的每个操作人员必须遵守的操作须知和技术原则。它是企业实行安全生产制度的基本文件，是保证安全生产的措施，也是追究违章事故的依据。安全操作规程一般分为 4 个部分：总则；工作前（即准备时）的安全规则；工作时的安全规则；工作结束（包括交接工作）时的安全规则。制定各种操作规程不仅要符合生产技术要求，而且必须符合安全生产的要求，以免发生工伤事故。各种不同的操作有不同的安全操作规程，如吊装不准超负荷，起重机的挂钩和钢丝绳要符合规定；锻工操作时钳柄不得对准人的腹部，抡大锤时不准戴手套，锻件要平稳摆在砧面上；车工切削脆性工件时要戴防护眼镜，工件旋转时不准用手触摸等。

安全操作规程是生产实践经验的总结，生产人员一定要严格遵守安全操作规程，不得违章作业，否则就容易发生事故。

（2）庄育智等．安全科学技术词典．北京：中国劳动出版社，1991.

安全操作规程是指工人操作机器设备必须遵守的规章和程序。主要包括：操作步骤和程序；安全技术知识和注意事项；正确使用安全防护用品；设备和安全设施的维修保养；安全检查的制度和要求等。

（3）孙连捷，张梦欣．安全科学技术百科全书．北京：中国劳动社会保障出版社，2003.

安全操作规程是指工人操作机器设备和调整仪器仪表时，必须遵守的程序和注意事项。我国企业建立的安全卫生规章制度重要组成部分。制定安全操作规程，应根据生产工艺、机械设备的特性和参考安全操作经验以及事故教训。安全操作规程的主要内容包括：操作步骤和程序，安全技术知识和注意事项，使用个人防护用品的方法，预防事故的紧急措施，设备维修保养技术要求及注意事项等。

69. 安全生产绩效

根据安全生产和职业卫生目标，在安全生产、职业卫生等工作方面取得的可测量结果（GB/T 33000—2016《企业安全生产标准化基本规范》）。

以下摘录为各重要文献的有关解释：

（1）GB/T 28001—2011《职业健康安全管理体系 要求》

安全绩效是基于职业健康安全方针和目标，与组织的职业健康安全风险控制有关的，职业健康安全管理体系的可测量结果。

注1：绩效测量包括职业健康安全管理活动和结果的测量。

注2："绩效"也可称为"业绩"。

（2）GB/T 33000—2016《企业安全生产标准化基本规范》

安全生产绩效：根据安全生产和职业卫生目标，在安全生产、职业卫生等工作方面取得的可测量结果。

70. 安全生产指标体系

描述安全生产状况的客观量的综合体系。

我国《安全生产"十三五"规划》（国办发〔2017〕3号）确定在 2020 年末要达到的安全生产指标见下表。

"十三五"安全生产指标

序号	指标名称	降幅
1	生产安全事故起数	10%
2	生产安全事故死亡人数	10%
3	重特大事故起数	20%
4	重特大事故死亡人数	22%
5	亿元国内生产总值生产安全事故死亡率	30%
6	工矿商贸就业人员十万人生产安全事故死亡率	19%
7	煤矿百万吨死亡率	15%
8	营运车辆万车死亡率	6%
9	万台特种设备死亡人数	20%

注：降幅为 2020 年末较 2015 年末下降的幅度。

71. 工贸八大行业

按照《国民经济行业分类》（GB/T 4754—2011），国家安全生产监督管理总局办公厅印发了《冶金有色建材机械轻工纺织烟草商贸行业安全监管分类标准（试行）》（安监总厅〔2014〕29号），对冶金、有色、建材、机械、轻工、纺织、烟草、商贸等八大行业实行分类安全监管。

第二章　方针政策制度术语

1. 安全生产红线意识

人命关天，发展决不能以牺牲人的生命为代价。这必须作为一条不可逾越的红线。

安全生产红线意识是指行业领域需要承担的安全生产工作责任，是政府部门需要兑现的诺言，是生产工作需要坚守的底线，是人民群众需要获得的保障。

党的十八大以来，以习近平同志为核心的党中央多次强调安全生产，对安全生产工作高度重视。2013 年 6 月 6 日，习近平总书记就做好安全生产工作再次做出重要指示，提出"安全生产红线"。要始终把人民生命安全放在首位，以对党和人民高度负责的精神，完善制度、强化责任、加强管理、严格监管，把安全生产责任制落到实处，切实防范重特大安全生产事故的发生。

2013 年 12 月 6 日，在国务院安全生产委员会全体会议上，李克强总理做出重要批示，要求进一步加强和改进安全生产工作。他指出，安全生产是人命关天的大事，是不能踩的"红线"。要认真总结前一阶段全国安全生产大检查工作，汲取生命和鲜血换来的教训，筑牢科学管理的安全防线。要树立以人为本、安全发展理念，创新安全管理模式，落实企业主体责任，提升监管执法和应急处置能力。要坚持预防为主、标本兼治，经常性开展安全检查，搞好预案演练，建立健全长效机制。

2. 安全生产工作方针

《中华人民共和国安全生产法》规定：安全生产工作应当以人为本，坚持安全发展，坚持安全第一、预防为主、综合治理的方针。

安全生产工作方针是我国安全生产实践经验的科学总结，是安全生产工作的灵魂。

（1）"安全第一"的提出

1949年11月17日，煤炭工业部召开的全国首届煤炭（矿）工作会议确定：全国国营煤矿的总方针是"以全面恢复为主，建设以东北为重点"，提出在职工中开展保安教育，树立安全第一的思想。

1952年，劳动部召开了第二次全国劳动保护工作会议，毛泽东主席对劳动部《三年来劳动部和工作总结与今后方针任务》工作报告做出批示：在实行增产节约的同时，必须注意职工的安全健康和必不可少的福利事业。如果只注意前一方面，忘记或稍加忽视后一方面，那是错误的。时任劳动部部长李立三根据这一指示，提出：安全与生产是统一的，也必须统一；管生产的要管安全，安全与生产要同时搞好。会议提出"安全为了生产，生产必须安全"的安全生产方针。

1957年1月5日，周恩来总理在原民航局《关于中缅航线通航情况的报告》上做出"保证安全第一，改善服务工作，争取飞行正常"的批示。之后，"安全第一"成了各行各业安全生产工作的指导方针。1959年，周恩来总理视察井陉煤矿时指出："在煤矿，安全生产是主要的，生产和安全发生矛盾时，生产要服从安全"。

（2）"预防为主"的提出

"预防为主"最初是作为我国医疗卫生工作的指导方针提出来的。1949年9月，中央人民政府和中央军委总后卫生部在北京召开的第一届全国卫生行政会议，初步确立了全国卫生建设以"预防为主，卫生工作的重点放在保证生产建设和国防建设方面，面向农村、工矿，依靠群众，开展卫生保健工作"的卫生工作方针。1950年8月7日，中央人民政府卫生部主持召开的第一届全国卫生会议上，毛泽东主席为会议做了"面向工农兵，预防为主，团结中西医"的题词，并在会上经毛主席同意，确定了"面向工农兵、预防为主、团结中西医，卫生工作与群众运动相结合"的我国卫生工作方针。1996年12月在《中共中央、国务院关于卫生改革与发展的决定》中，明确提出："以农村为重点、预防为主、中西医并重、依靠科技进步、动员全社会参与、为人民健康和社会主义现代化建设服务"作为我国新时期的卫生工作方针。"预防为主"是我国卫生工作的总方针。

（3）"安全第一、预防为主"的提出

1981年12月，时任中华全国总工会劳动部部长江涛在全国职业病普查总结会议上的讲话中提到，根据党和政府历来的指示，以及30年来的经验教训，当前预防伤亡事故和职业病的工作方针，可以概括为"安全第一、预防为主、群防群治、防治结合"。1983年，全国第二个安全月活动领导小组副组长、原国家经委主任袁宝华提出"坚持安全第一思想和贯彻预防为主的方针"。1985年12月，全国安全生产委员会在对1986年安全生产工作提出要求时，明确提出要坚决贯彻"安全第一、预防为主"的方针。1986年3月15日，国务院办公厅批转全国安全生产委员会《关于重视安全生产控制伤亡事故恶化的意见》要求：各级领导必须认真贯彻落实"安全第一、预防为主"的方针。至此，"安全第一、预防为主"的方针已经明确，2002年6月29日被写入《中华人民共和国安全生产法》。

（4）"安全第一、预防为主、综合治理"的提出

2005年10月11日，中国共产党第十六届中央委员会第五次全体会议通过的《中共中央关于制定国民经济和社会发展第十一个五年规划的建议》中，提出"安全第一、预防为主、综合治理"安全生产方针，2014年8月31被写入新修订的《中华人民共和国安全生产法》。

3. 消防工作方针

消防工作贯彻"预防为主、防消结合"的方针，按照政府统一领导、部门依法监管、单位全面负责、公民积极参与的原则，实行消防安全责任制，建立健全社会化的消防工作网络（《中华人民共和国消防法》）。

4. 职业病防治工作方针

职业病防治工作坚持"预防为主、防治结合"的方针，建立用人单位负责、行政机关监管、行业自律、职工参与和社会监督的机制，实行分类管理、综合治理（《中华人民共和国职业病防治法》）。

5. 突发事件应对工作原则

突发事件应对工作实行"预防为主、预防与应急相结合"的原则（《中华人民共和国突发事件应对法》）。

6. 安全生产基本原则

（1）坚持安全发展。

（2）坚持改革创新。

（3）坚持依法监管。

（4）坚持源头防范。

（5）坚持系统治理。

2016 年 12 月 9 日下发的《中共中央　国务院关于推进安全生产领域改革发展的意见》指出 5 项安全生产基本原则：

（1）坚持安全发展。贯彻以人民为中心的发展思想，始终把人的生命安全放在首位，正确处理安全与发展的关系，大力实施安全发展战略，为经济社会发展提供强有力的安全保障。

（2）坚持改革创新。不断推进安全生产理论创新、制度创新、体制机制创新、科技创新和文化创新，增强企业内生动力，激发全社会创新活力，破解安全生产难题，推动安全生产与经济社会协调发展。

（3）坚持依法监管。大力弘扬社会主义法治精神，运用法治思维和法治方式，深化安全生产监管执法体制改革，完善安全生产法律法规和标准体系，严格规范公正文明执法，增强监管执法效能，提高安全生产法治化水平。

（4）坚持源头防范。严格安全生产市场准入，经济社会发展要以安全为前提，把安全生产贯穿城乡规划布局、设计、建设、管理和企业生产经营活动全过程。构建风险分级管控和隐患排查治理双重预防工作机制，严防风险演变、隐患升级导致生产安全事故发生。

（5）坚持系统治理。严密层级治理和行业治理、政府治理、社会治理相结合的安全生产治理体系，组织动员各方面力量实施社会共治。综合运用法律、行政、经济、市场等手段，落实人防、技防、物防措施，提升全社会安全生产治理能力。

7. 安全生产工作格局

（1）党政统一领导。

（2）部门依法监管。

（3）企业全面负责。

（4）群众参与监督。

（5）全社会广泛支持。

《安全生产"十三五"规划》（国办发〔2017〕3 号）明确安全生产工作要社会协同，齐抓共管。完善"党政统一领导、部门依法监管、企业全面负责、群众参与监督、全社会广泛支持"的安全生产工作格局，综合运用法律、行政、经济、市场等手段，不断提升安全生产社会共治的能力与水平。

8. 六个创新

加快安全生产理论创新、制度创新、体制创新、机制创新、科技创新和文化创新。

《安全生产"十三五"规划》（国办发〔2017〕3 号）明确要改革引领，创新驱动。坚持目标导向和问题导向，全面推进安全生产领域改革发展，加快安全生产理论创新、制度创新、体制创新、机制创新、科技创新和文化创新，推动安全生产与经济社会协调发展。

9. 十二项治本之策

（1）制定安全发展规划，建立和完善安全生产指标及控制体系。

（2）加强行业管理，修订行业安全标准和规程。

（3）增加安全投入，扶持重点煤矿治理瓦斯等重大隐患。

（4）推动安全科技进步，落实项目、资金。

（5）研究出台经济政策，建立、完善经济调控手段。

（6）加强教育培训，规范煤矿招工和劳动管理。

（7）加快立法工作，严格安全执法。

（8）建立安全生产激励约束机制。

（9）强化企业主体责任，严格企业安全生产业绩考核。

（10）严肃查处责任事故，防范惩治失职渎职等腐败现象。

（11）倡导安全文化，加强社会监督。

（12）完善监管体制，加快应急救援体系建设。

2005 年 12 月 21 日，时任国务院总理温家宝主持召开国务院第 116 次常务会议，确定了"安全生产十二项治本之策"。

10. 双重预防机制

安全风险分级管控和隐患排查治理双重预防机制。

2016 年 4 月 28 日，国务院安委会办公室印发《标本兼治遏制重特大事故工作指南》（安委办〔2016〕3 号），提出着力构建安全风险分级管控和隐患排查治理双重预防性工作体系与机制。

2016 年 10 月 9 日，国务院安委会办公室印发《关于实施遏制重特大事故工作指南构建双重预防机制的意见》（安委办〔2016〕11 号），该文件再次强调：构建安全风险分级管控和隐患排查治理双重预防机制，是遏制重特大事故的重要举措。

2016 年 12 月 9 日下发的《中共中央　国务院关于推进安全生产领域改革发展的意见》明确提出要构建安全风险分级管控和隐患排查治理双重预防机制。

11. 安全生产五要素

包括安全文化、安全法制、安全责任、安全科技、安全投入。

2005 年 2 月 28 日，第一任国家安全生产监督管理总局局长李毅中提出安全生产五要素：安全文化——素质保障；安全法制——制度保障；安全责任——管理保障；安全科技——系统保障；安全投入——经济保障。

2005 年 6 月，罗云、黄毅合著《中国安全生产发展战略——论安全生产保障五要素》（化学工业出版社出版发行），系统论述了安全生产的五个要素及其相互关系。

12. 安全生产五大体系

包括安全生产理论体系、法制体系、政策体系、目标责任体系、监管体系。

2008 年 1 月 18 日，时任国家安全生产监督管理总局政策法规司司长、总局新闻发言人黄毅在做客新华网"对话新闻发言人"系列访谈时表示，通过这些年的实践，中国安全生产工作开始步入了法制化、规范化、制度化的轨道，形成了五大体系：

第一，形成了以安全发展为核心的安全生产理论体系，这样就为安全生产的实践提供了巨大的理论支持。

第二，形成了以安全生产法为主体的法制体系，为安全生产工作提供了法律武器。

第三，形成了以国务院确定的十二项治本之策为主要内容的安全生产的政策体系，这样为安全生产工作提供了政策支持。

第四，形成了中长期相结合的安全生产的目标责任体系，同时明确在安全生产上政府的监管责任与企业的主体责任制度。

第五，形成了综合监管与专项监管相结合的安全生产的监管体系，这个体系为安全生产工作提供了组织保障。

这五大体系的形成标志着我国安全生产工作已经步入了法制化、规范化和制度化的轨道。

13. 三定监管机制

定区域、定人员、定责任的安全监管监察执法机制。

《安全生产"十三五"规划》（国办发〔2017〕3 号）提出要加大监管执法力度。要建立定区域、定人员、定责任的安全监管监察执法机制。

14. 五项创新

（1）安全生产思想观念创新。

（2）安全生产监管体制和机制创新。

（3）安全生产监管手段创新。

（4）安全科技创新。

（5）安全文化创新。

《2003 年安全生产宣传教育工作要点》（安监管政法字〔2003〕16 号）要求：积极推进安全生产思想观念、监管体制和机制、监管手段、科技、文化的"五项创新"。

15. 六个支撑体系

（1）安全生产法律法规体系。

（2）安全信息工程体系。

（3）安全技术保障体系。

（4）宣传教育体系。

（5）安全培训体系。

（6）应急救援体系。

《2003年安全生产宣传教育工作要点》（安监管政法字〔2003〕16号）要求：加快安全生产法律、信息、技术装备、宣传教育、培训和矿山应急救援"六个支撑体系"的建设。

16. 把安全风险管控挺在隐患前面，把隐患排查治理挺在事故前面

（1）坚持标本兼治、综合治理，把安全风险管控挺在隐患前面，把隐患排查治理挺在事故前面，扎实构建事故应急救援最后一道防线。

（2）坚持关口前移，超前辨识预判岗位、企业、区域安全风险，通过实施制度、技术、工程、管理等措施，有效防控各类安全风险。

（3）加强过程管控，通过构建隐患排查治理体系和闭环管理制度，强化监管执法，及时发现和消除各类事故隐患，防患于未然。

（4）强化事后处置，及时、科学、有效应对各类重特大事故，最大限度减少事故伤亡人数、降低损害程度。

2016年4月28日，国务院安委会办公室下发《关于印发标本兼治遏制重特大事故工作指南的通知》（安委办〔2016〕3号），提出遏制重特大事故要把安全风险管控挺在隐患前面，把隐患排查治理挺在事故前面。

17. 企业安全管理五个保证体系

（1）以总经理为首的行政指挥体系。

（2）以党委书记为首的思想政治体系。

（3）以总工程师为首的技术保证体系。

（4）以安全部门为主的专业安全检查保证体系。

（5）以工会和共青团为主的群众监督体系。

18. 遏制重特大事故工作目标

（1）构建形成点、线、面有机结合、无缝对接的安全风险分级管控和隐患排查治理双重预防性工作体系，全社会共同防控安全风险和共同排查治理事故隐患的责任、措施和机制更加精准、有效。

（2）构建形成完善的安全技术研发推广体系，安全科技保障能力水平得到显著提升。

（3）构建形成严格规范的惩治违法违规行为制度机制体系，使违法违规行为引发的重特大事故得到有效遏制。

（4）构建形成完善的安全准入制度体系，淘汰一批安全保障水平低的小矿小厂和工艺、技术、装备，安全生产源头治理能力得到全面加强。

（5）实施一批保护生命重点工程，根治一批可能诱发重特大事故的重大隐患。

（6）健全应急救援体系和应急响应机制，事故应急处置能力得到明显提升。

2016 年 4 月 28 日，国务院安委会办公室下发《关于印发标本兼治遏制重特大事故工作指南的通知》（安委办〔2016〕3 号），提出遏制重特大事故工作目标。

19. 安全风险分级管控原则

（1）按照"分区域、分级别、网格化"原则，实施安全风险差异化动态管理，明确落实每一处重大安全风险和重大危险源的安全管理与监管责任，强化风险管控技术、制度、管理措施，把可能导致的后果限制在可防、可控范围之内。

（2）健全安全风险公告警示和重大安全风险预警机制，定期对红色、橙色安全风险进行分析、评估、预警。

（3）落实企业安全风险分级管控岗位责任，建立企业安全风险公告、岗位安全风险确认和安全操作"明白卡"制度。

2016 年 4 月 28 日，国务院安委会办公室下发《关于印发标本兼治遏制重特大事故工作指南的通知》（安委办〔2016〕3 号），提出安全风险分级管控原则。

20. 安全生产领域失信行为

（1）发生较大及以上生产安全责任事故，或 1 年内累计发生 3 起及以上造成人员死亡的一般生产安全责任事故的。

（2）未按规定取得安全生产许可，擅自开展生产经营建设活动的。

（3）发现重大生产安全事故隐患，或职业病危害严重超标，不及时整改，仍组织从业人员冒险作业的。

（4）采取隐蔽、欺骗或阻碍等方式，逃避、对抗安全监管监察的。

（5）被责令停产停业整顿，仍然从事生产经营建设活动的。

（6）瞒报、谎报、迟报生产安全事故的。

（7）矿山、危险化学品、金属冶炼等高危行业建设项目安全设施未经验收合格即投入生产和使用的。

（8）矿山生产经营单位存在超层越界开采、以探代采行为的。

（9）发生事故后，故意破坏事故现场，伪造有关证据资料，妨碍、对抗事故调查，或主要负责人逃逸的。

（10）安全生产和职业健康技术服务机构出具虚假报告或证明，违规转让或出借资质的。

2017 年 5 月，国家安全生产监督管理总局印发《对安全生产领域失信行为开展联合惩戒的实施办法通知》（安监总办〔2017〕49 号），明确对 10 类安全生产失信行为进行联合惩戒。

21. 安全生产行政审批一库四平台

"一库"指安全生产行政审批项目库，"四平台"指网上审批运行平台、政务公开服务平台、法制监督平台、电子监察平台。

22. 事故隐患排查治理闭环管理

（1）推进企业安全生产标准化和隐患排查治理体系建设，建立自查、自改、自报事故隐患的排查治理信息系统。

（2）建设政府部门信息化、数字化、智能化事故隐患排查治理网络管理平台并与企业互联互通，实现隐患排查、登记、评估、报告、监控、治理、销账的全过程记录和闭环管理。

2016 年 4 月 28 日，国务院安委会办公室下发《关于印发标本兼治遏制重特大事故工作指南的通知》（安委办〔2016〕3 号），提出实施事故隐患排查治理闭环管理。

23. 机械化换人、自动化减人

为推动更多企业安全生产实现"零死亡"目标，从根本上有效防范和遏制重特大事故发生，国家安全生产监督管理总局决定在煤矿、金属非金属矿山、危险化学品和烟花爆竹等重点行业领域开展"机械化换人、自动化减人"科技强安专项行动，重点是以机械化生产替换人工作业、以自动化控制减少人为操作，大力提高企业安全生产科技保障能力。

2015 年 6 月 11 日，国家安全生产监督管理总局印发《关于开展"机械化换人、自动化减人"科技强安专项行动的通知》（安监总科技〔2015〕63 号）。

24. 专项行动五到位

指组织领导、工作责任、计划进度、保障措施、实施效果。

2015 年 6 月 11 日，国家安全生产监督管理总局印发《关于开展"机械化换人、自动化减人"科技强安专项行动的通知》（安监总科技〔2015〕63 号）提出：为确保"机械化换人、自动化减人"科技强安专项行动的顺利进行，要建立必要的组织机构，及时研究解决开展专项行动遇到的困难和问题，做到"组织领导、工作责任、计划进度、保障措施、实施效果"五到位。

25. 安全生产五到位

指实现生产经营单位安全生产主体责任到位、安全管理到位、安全投入到位、安全培训到位、应急救援到位。

2016 年 12 月 9 日下发的《中共中央　国务院关于推进安全生产领域改革发展的意见》指出建立企业全过程安全生产和职业健康管理制度，做到：安全责任、管理、投入、培训和应急救援"五到位"。

26. 安全科技四个一批项目

（1）攻关一批安全生产关键技术。
（2）转化一批安全生产科技成果。
（3）推广一批安全生产先进技术。
（4）建设一批安全生产示范工程项目。

2012 年 9 月 17 日，国家安全生产监督管理总局印发《关于加强安全生产科技创新工作的决定》（安监总科技〔2012〕119 号），确定：

以防范事故、提高安全科技保障能力为目标，集中相关科技研发机构、人才、资金和时间，加快推出一批安全生产科研攻关课题，一批可转化的安全科技成果，一批可推广的安全生产先进适用技术，一批安全生产技术示范工程（简称安全科技"四个一批"项目），着力推动建立市场、企业、产学研机构、政府及部门相结合的工作机制。

2012 年 10 月 15 日，国家安全生产监督管理总局办公厅印发《关于印发落实安全科技"四个一批"项目职责分工方案的通知》（安监总厅科技〔2012〕142 号）。

2014 年 12 月 23 日，国家安全生产监督管理总局印发《安全科技"四个一批"项目管理办法的通知》（安监总科技〔2014〕128 号），标志着安全科技"四个一批"项目管理制度化、规范化。

截至 2015 年 10 月，国家安全生产监督管理总局共公布了 3 批安全科技"四个一批"项目。

27. 安全生产责任体系

长期以来，我国形成了"政府属地管理、安全监管部门综合监管、行业主管部门直接监管、生产经营单位安全生产主体责任"的安全生产责任体系。

2013 年 7 月 18 日，习近平总书记指示：落实安全生产责任制，要落实行业主管部门直接监管、安全监管部门综合监管、地方政府属地监管，坚持管行业必须管安全、管业务必须管安全、管生产必须管安全，而且要党政同责、一岗双责、齐抓共管。

2013 年 11 月 22 日，山东省青岛市中石化东黄输油管道泄漏爆炸，造成重大人员伤亡和经济损失。2013 年 11 月 24 日，习近平总书记在青岛黄岛经济开发区考察输油管线泄漏引发爆燃事故抢险工作时强调：

（1）必须建立健全安全生产责任体系，强化企业主体责任，深化安全生产大检查，认真吸取教训，注重举一反三，全面加强安全生产工作。

（2）各级党委和政府、各级领导干部要牢固树立安全发展理念，始终把人民群众生命安全放在第一位。各地区各部门、各类企业都要坚持安全生产高标准、严要求，招商引资、上项目要严把安全生产关，加大安全生产指标考核权重，实行安全生产和重大安全生产事故风险"一票否决"。

（3）责任重于泰山。要抓紧建立健全安全生产责任体系，党政一把手必须亲力亲为、亲自动手抓。要把安全责任落实到岗位、落实到人头，坚持管行业必须管安全、管业务必须管安全，加强督促检查、严格考核奖惩，全面推进安全生产工作。

（4）所有企业都必须认真履行安全生产主体责任，做到安全投入到位、安全培训到位、基础管理到位、应急救援到位，确保安全生产。中央企业要带好头做表率。各级政府要落实属地管理责任，依法依规、严管严抓。

（5）要做到"一厂出事故、万厂受教育，一地有隐患、全国受警示"。各地区和各行业领域要深刻吸取安全事故带来的教训，强化安全责任，改进安全监管，落实防范措施。

2016年12月9日下发的《中共中央　国务院关于推进安全生产领域改革发展的意见》指出要明确地方党委和政府领导责任，坚持"党政同责、一岗双责、齐抓共管、失职追责"的安全生产责任体系。

28. 安全生产责任体系五级五覆盖

省、市、县、乡（镇）和行政村五级实现五个"全覆盖"，即：

（1）"党政同责"全覆盖。

（2）"一岗双责"全覆盖。

（3）"政府主要负责人担任安委会主任"全覆盖。

（4）"定期将安全生产责任目标完成情况向组织部门报告，同时抄报纪检监察部门"全覆盖。

（5）"三个必须"（管行业必须管安全、管业务必须管安全、管生产经营必须管安全）全覆盖。

29. 企业安全生产责任体系五落实五到位

（1）五落实

1）必须落实"党政同责"要求，董事长、党组织书记、总经理对本企业安全生产工作共同承担领导责任。

2）必须落实安全生产"一岗双责"，所有领导班子成员对分管范围内安全生产工作承担相应职责。

3）必须落实安全生产组织领导机构，成立安全生产委员会，由董事长或总经理担任主任。

4）必须落实安全管理力量，依法设置安全生产管理机构，配齐配强注册安全工程师等专业安全管理人员。

5）必须落实安全生产报告制度，定期向董事会、业绩考核部门报告安全生产情况，并向社会公示。

（2）五到位

1）必须做到安全责任到位。

2）必须做到安全投入到位。

3）必须做到安全培训到位。

4）必须做到安全管理到位。

5）必须做到应急救援到位。

2015 年，国务院安委会办公室通报全国安全生产责任体系"五级五覆盖"和企业"五落实五到位"进展情况（安委办函〔2015〕79 号），通报指出，各地区认真贯彻落实习近平总书记关于加强安全生产工作一系列重要讲话精神，进一步建立健全"党政同责、一岗双责、齐抓共管"的安全生产责任体系，在 2014 年实现省、市、县"三级五覆盖"基础上，积极向乡镇（街道）、行政村两级延伸，加快推进省、市、县、乡（镇）、村（居委会）"五级五覆盖"和企业安全生产主体责任"五落实五到位"。

30. 安全生产三个必须

管行业必须管安全、管业务必须管安全、管生产经营必须管安全。

2013 年 7 月 18 日，习近平总书记指出：落实安全生产责任制，要落实行业主管部门直接监管、安全监管部门综合监管、地方政府属地监管，坚持管行业必须管安全、管业务必须管安全、管生产必须管安全，而且要党政同责、一岗双责、齐抓共管。

31. 四个凡事

凡事有人负责、凡事有章可循、凡事有据可查、凡事有人监督。

32. 企业主体责任五个一工程

（1）每个行业都要建立安全规范。

（2）每个企业都要制定安全标准。

（3）每个岗位都要明确安全职责。

（4）每名员工都有防范安全风险提示卡。

（5）每个工作日都要开展安全提醒。

33. 安全生产一票否决制度

各地区各单位要建立安全生产绩效与履职评定、职务晋升、奖励惩处挂钩制度，严格落实安全生产"一票否决"制度。

2016 年 12 月 9 日下发的《中共中央　国务院关于推进安全生产领域改革发展的意见》提出此制度。

34. 事故调查处理原则

（1）坚持实事求是、尊重科学的原则。

（2）及时、准确地查清事故经过、事故原因和事故损失。

（3）查明事故性质，认定事故责任。

（4）总结事故教训，提出整改措施。

（5）对事故责任者依法追究责任。

35. 安全生产权力和责任清单

依法依规制定各有关部门安全生产权力和责任清单，尽职照单免责、失职照单问责。

2016 年 12 月 9 日下发的《中共中央　国务院关于推进安全生产领域改革发展的意见》首次提出。

36. 四级重大危险源信息管理体系

构建国家、省、市、县四级重大危险源信息管理体系，对重点行业、重点区域、重点企业实行风险预警控制，有效防范重特大生产安全事故。

2016 年 12 月 9 日下发的《中共中央　国务院关于推进安全生产领域改革发展的

意见》首次提出。

37. 重大隐患双报告制度

树立隐患就是事故的观念，建立健全隐患排查治理制度、重大隐患治理情况向负有安全生产监督管理职责的部门和企业职代会"双报告"制度，实行自查自改自报闭环管理。

2016 年 12 月 9 日下发的《中共中央 国务院关于推进安全生产领域改革发展的意见》首次提出。

38. 重大安全风险一票否决

高危项目审批必须把安全生产作为前置条件，城乡规划布局、设计、建设、管理等各项工作必须以安全为前提，实行重大安全风险"一票否决"。坚决做到不安全的规划不批、不安全的项目不建、不安全的企业不生产。

2016 年 12 月 9 日下发的《中共中央 国务院关于推进安全生产领域改革发展的意见》提出实行重大安全风险"一票否决"。

39. 两重点一重大

指危险化学品和化工领域：
（1）重点监管的危险化工工艺。
（2）重点监管的危险化学品。
（3）危险化学品重大危险源。

40. 三同时制度

安全生产生产经营单位新建、改建、扩建工程项目的安全生产和职业卫生设施，必须与主体工程同时设计、同时施工、同时投入生产和使用。

【安全生产设施"三同时"】

根据《中华人民共和国安全生产法》第二十八条，生产经营单位新建、改建、扩建工程项目的安全设施，必须与主体工程同时设计、同时施工、同时投入生产和使用。

安全设施投资应当纳入建设项目概算。

根据《建设项目安全设施"三同时"监督管理办法》（国家安全生产监督管理总局令〔2010 年〕第 36 号）第九条、第十六条、第二十三条规定，建设单位需要依次做好以下三步工作：

（1）对安全生产条件和设施进行综合分析，形成书面报告备查。

（2）组织对安全设施设计进行审查，形成书面报告备查。

（3）项目竣工投入生产前，组织对安全设施进行竣工验收，形成书面报告备查。

【职业卫生"三同时"】

根据《中华人民共和国职业病防治法》第十七条、第十八条和《建设项目职业卫生"三同时"监督管理办法》（国家安全生产监督管理总局令〔2017 年〕第 90 号）第九条、第十五条、第二十四条相关规定，建设单位需要依次做好以下三步工作：

（1）对可能产生职业病危害的建设项目，建设单位应当在建设项目可行性论证阶段进行职业病危害预评价，编制预评价报告。

（2）存在职业病危害的建设项目，建设单位应当在施工前按照职业病防治有关法律、法规、规章和标准的要求，进行职业病防护设施设计。

（3）建设项目在竣工验收前或者试运行期间，建设单位应当进行职业病危害控制效果评价，编制评价报告。

41. 五同时原则

各级企业领导人必须贯彻"管生产必须管安全"的原则，要求企业负责人在计划、布置、检查、总结、评比生产工作的同时，计划、布置、检查、总结、评比安全工作。

42. 五项规定

1963 年国务院发布《关于加强企业安全工作中的几项规定》，简称"五项规定"：安全生产责任制、关于安全技术措施计划、关于安全生产教育、关于安全生产的定期检查、关于伤亡事故的调查处理的规定。

43. 安全生产源头治理体系

（1）严格规划准入。

（2）严格规模准入。

（3）严格工艺设备和人员素质准入。

（4）强力推动淘汰退出落后产能。

2016年4月28日，国务院安委会办公室下发《关于印发标本兼治遏制重特大事故工作指南的通知》（安委办〔2016〕3号），提出构建安全生产源头治理体系。

44. 安全生产责任保险制度

取消安全生产风险抵押金制度，建立健全安全生产责任保险制度，在矿山、危险化学品、烟花爆竹、交通运输、建筑施工、民用爆炸物品、金属冶炼、渔业生产等高危行业领域强制实施，切实发挥保险机构参与风险评估管控和事故预防功能。

2016年12月9日下发的《中共中央　国务院关于推进安全生产领域改革发展的意见》首次提出。

45. 四个标准化建设

大力推进企业安全生产标准化建设，实现"安全管理、操作行为、设备设施和作业环境"的标准化。

2016年12月9日下发的《中共中央　国务院关于推进安全生产领域改革发展的意见》首次提出。

46. 五个围绕

（1）围绕落实安全生产责任体系，强化"安全第一"摆位。

（2）围绕改进安全生产大检查，强化过程管控。

（3）围绕加强安全生产专项整治，强化攻坚克难。

（4）围绕提升应急处置水平，强化能力建设。

（5）围绕增强事故警示教育作用，强化责任追究。

2014年11月28日贵州省安委会提出"围绕五个方面加强和改进安全生产工作"的要求。

47. 安全生产的三项行动和三项建设

（1）"三项行动"指执法行动、治理行动、宣传教育行动。

（2）"三项建设"指法制体制机制建设、保障能力建设、监管队伍建设。

48. 十防一灭

防挤压、防坍塌、防爆炸、防触电、防中毒、防粉尘、防火灾、防水淹、防烧烫、防坠落和消灭死亡事故。

1960 年劳动部在长沙召开第四次全国劳动保护工作会议，提出开展"十防一灭"为中心的安全生产大检查活动。

49. 四个注重

隐患排查治理要：

（1）注重激励机制建设，提高企业全员自主排查隐患的积极性，督促企业落实"一企一清单"。

（2）注重运用"互联网＋"手段，不断提高隐患排查治理信息化水平。

（3）注重风险辨识管控，提升源头隐患排查治理水平。

（4）注重绩效考核评估，实施差异化执法，推动监管方式创新。

50. 四不两直

"四不两直"是指安全检查要不发通知、不打招呼、不听汇报、不用陪同和接待，直奔基层、直插现场。

2013 年 11 月 24 日，习近平总书记看望青岛中石化输油管线重大爆燃事故伤员，对安全生产工作指示：要牢固树立安全发展理念，始终把人民群众生命安全放在第一位。要加大安全生产指标考核权重，实行安全生产和重大安全生产事故风险"一票否决"。要抓紧建立健全安全生产责任体系，党政一把手必须亲力亲为、亲自动手抓。要把安全责任落实到岗位、落实到人头，坚持管行业必须管安全、管业务必须管安全，加强督促检查、严格考核奖惩，全面推进安全生产工作。要继续开展安全生产大检查，做到"全覆盖、零容忍、严执法、重实效"。要采用不发通知、不打招呼、不听汇报、不用陪同和接待，直奔基层、直插现场，暗查暗访，特别是要深查地下油气管网这样的隐蔽致灾隐患。要加大隐患整改治理力度，建立安全生产检查工作责任制，实行谁检查、谁签字、谁负责，做到不打折扣、不留死角、不走过场，务必见到成效。要做到"一厂出事故、万厂受教育，一地有隐患、全国受警示"。

51. 双随机抽查

安全生产监管要采取随机抽取检查对象、随机选派检查人员的"双随机"抽查机制。

2015 年 7 月 22 日，在国务院常务会议上李克强总理强调指出。

52. 双随机和一公开

在安全生产监管过程中随机抽取检查对象、随机选派检查人员，抽查情况及查处结果及时向社会公开。

2015 年 7 月 29 日，国务院办公厅下发《关于推广随机抽查规范事中事后监管的通知》（国办发〔2015〕58 号）中要求在全国全面推行"双随机、一公开"监管监察模式。

53. 五有六查制度

（1）"五有"：安全生产检查有计划、有方案、有内容、有目标、有责任。
（2）"六查"：企业自查、专家检查、政府抽查、定期排查、动态暗查、重点督查。

54. 三非

非法建设、非法生产、非法经营。

55. 三违

违章指挥、违规作业、违反劳动纪律。

56. 六打六治

（1）打击矿山企业无证开采、超越批准的矿区范围采矿行为，整治图纸造假、图实不符问题。

（2）打击破坏损害城镇燃气管道行为，整治管道周边乱建乱挖乱钻问题。

（3）打击危化品非法运输行为，整治无证经营、运输，非法改装、认证，违法挂靠、外包，违规装载等问题。

（4）打击无资质施工行为，整治层层转包、违法分包问题。

（5）打击非法营运行为，整治无证经营、超范围经营、挂靠经营及超速、超员、疲劳驾驶和长途客车夜间违规行驶等问题。

（6）打击"三合一""多合一"场所违法生产经营行为，整治违规住人、消防设施缺失损坏、安全出口疏散通道堵塞封闭等问题。

57. 打非治违四个一律

（1）对非法生产经营建设和经停产整顿仍未达到要求的，一律关闭取缔。

（2）对非法违法生产经营建设的有关单位和责任人，一律按规定上限予以经济处罚。

（3）对存在违法生产经营建设行为的单位，一律责令停产整顿，并严格落实监管措施。

（4）对触犯法律的有关单位和人员，一律依法严格追究法律责任。

58. 打非工作六条标准

（1）毁闭井硐。

（2）遣散人员。

（3）填平场地。

（4）截断电源。

（5）拆除设施。

（6）恢复植被。

59. 打非工作打两头卡中间措施

打击非法生产源头、打击非法经营环节，卡住非法运输渠道。

60. 五个一批

（1）曝光一批重大隐患。

（2）惩治一批典型违法行为。

（3）通报一批"黑名单"生产经营企业。

（4）取缔一批非法违法企业。

（5）关闭一批不符合安全生产条件企业。

2016年4月28日，国务院安委会办公室下发《关于印发标本兼治遏制重特大事故工作指南的通知》（安委办〔2016〕3号），提出要通过实施"五个一批"工作，形成齐抓共管、社会共治的工作格局。

2017年6月30日，国务院安委会下发《关于开展全国安全生产大检查的通知》，要求：集中开展安全生产大检查，依法严惩一批违法违规行为，彻底治理一批重大事故隐患，关闭取缔一批违法违规和不符合安全生产条件的企业，联合惩戒一批严重失信企业，问责曝光一批责任不落实、措施不力的单位和个人，严格落实各项安全防范责任和措施，坚决遏制重特大事故。

61. 黄名单制度

对部分企业不重视安全生产，但安全生产违规情节不太严重，安全生产小事故频发的企业，纳入"黄名单"管理，并公开曝光警告，倒逼企业落实主体责任，提升安全生产管理水平，杜绝小事故演变为大灾难。

2012年重庆市巴南区安全生产监督管理局通过制度创新，力求建立长效机制，创新安全生产"黄名单"制度。

62. 五个转变

（1）要推进安全生产工作从人治向法治转变，依法规范，依法监管，建立和完善安全生产法制秩序。

（2）要推进安全生产工作从被动防范向源头管理转变，建立安全生产行政许可制度，严格市场准入，管住源头，防止不具备安全生产条件的单位进入生产领域。

（3）要推进安全生产工作从集中开展安全生产专项整治向规范化、经常化、制度化管理转变，建立安全生产长效管理机制。

（4）要推进安全生产工作从事后查处向强化基础转变，在各类企业普遍开展安全生产标准化活动，夯实安全生产工作基础。

（5）要推进安全生产工作从以控制伤亡事故为主向全面做好职业安全健康工作转变，把职工安全健康放在第一位。

2012 年全国安全生产工作会议提出要推进"五个转变"。

63. 七个依靠

（1）依靠监管、监察系统执法人员的努力，加强沟通和协调，用足、用好现有法律规定，综合运用经济、行政、法律手段，挺直腰杆，理直气壮地加大执法力度。

（2）依靠企业自觉遵章守法，落实企业主体责任。

（3）依靠各个部门，密切合作，开展联合执法。

（4）依靠地方政府，落实地方政府的监管责任。

（5）依靠公检法等司法机关，严肃追究事故责任。

（6）依靠纪检监察部门，严厉查处事故背后的腐败现象。

（7）依靠社会支持和监督，借助社会压力，增加动力。

64. 安全生产五必须

（1）必须遵守厂规厂纪。

（2）必须经安全生产培训考核合格后持证上岗作业。

（3）必须正确了解本岗位的危险有害因素。

（4）必须正确佩戴和使用劳动防护用品。

（5）必须严格遵守危险性作业的安全要求。

65. 安全生产五严禁

（1）严禁在禁火区域吸烟、动火。

（2）严禁在上岗前和工作时间饮酒。

（3）严禁擅自移动或拆除安全装置和安全标志。

（4）严禁擅自触摸与己无关的设备、设施。

（5）严禁在工作时间串岗、离岗、睡岗或嬉戏打闹。

66. 专项整治三个结合

（1）把专项整治与落实安全生产保障制度结合起来，督促企业建立预防为主、持续改进的安全生产自我约束机制。

（2）把专项整治与日常监督管理结合起来，不断完善安全生产监管机制。

（3）把专项整治与全面做好安全生产工作结合起来，致力于建立安全生产的长效机制。

67. 三抓一创

抓发展、抓管理、抓队伍和创一流。

68. 抓三基

抓基础、抓基层、抓基本功。

69. 三抓一突出

抓基础、抓源头、抓落实和突出重点。

70. 四铁工作要求

铁面、铁规、铁腕、铁心。

71. 三项岗位人员

安全管理主要负责人、安全生产管理人员、特种作业人员。

72. 施工作业三措

组织措施、技术措施、安全措施。

73. 111221 安全检查思路

"一个方案""一套班子""一份清单""两本台账""两份报表""一份报告"的

"111221"安全检查思路；建立了行政执法、技术抽检、专家会诊、第三方服务"四位一体"的监管机制。

2017年9月，宁夏回族自治区提出"一个方案""一套班子""一份清单""两本台账""两份报表""一份报告"的"111221"安全生产检查工作思路。

74. 三精监察工作法

（1）精细研判。结合监察员联系矿井制度，由联系煤矿监察员对照图纸汇报煤矿情况，进行风险预判，分局全体人员进行质询、分析、研判，提出各自的看法和观点，集体讨论确定煤矿风险区域、风险项目、风险地点以及关键环节等监察执法重点。

（2）精确定位。根据研判结果，由分局配置相关专业执法人员组成监察组，明确主要风险点由处级带队领导和室主任共同检查。监察组按照确定的监察执法重点制定详细、有针对性的现场检查方案，明确分工，压实责任，有的放矢。

（3）精准执法。按照经精细研判和精确定位之后形成的现场检查分工方案，监察组重点听取、查阅、检查煤矿风险点有关情况，突出重点，精准发力，并对存在重大隐患企业的相关责任人进行责任追究，切实提升监察执法效能。监察结束后，召开执法分析会议，分析监察执法工作中发现的主要隐患，是否与风险研判相一致，矿井是否还存在研判之外的其他风险点或重大隐患。通过执法分析，总结好的监察执法经验和做法，发挥示范引领作用；查找存在的问题和不足，以事警人，进一步改进执法工作。

2017年10月，河南煤矿安全监察局郑州分局经过长期思考和探索实践，总结创新了"三精"工作法。

75. 乡镇（街道）安监站158制度

（1）"1"即1个安监站工作职责。

（2）"5"即5项制度：安全生产例会制度、安全生产检查巡查制度、安全生产培训教育制度、安全生产隐患整改"五落实"（落实事故隐患名称、落实事故隐患整改责任单位、落实事故隐患整改责任人、落实事故隐患整改时限、落实事故隐患整改措施和资金）制度、安全生产事故统计报告制度。

（3）"8"即8本台账：安全生产目标责任台账、安全生产例会记录台账、安全生产宣传教育台账、安全生产检查巡查台账、安全生产事故统计报告台账、乡镇安监站建设台账、辖区生产经营单位情况台账、生产经营单位主要负责人和安全生产管理人员及特种作业人员台账。

76. 安全生产六防

（1）防工伤。

（2）防火灾。

（3）防爆炸。

（4）防冻。

（5）防中毒。

（6）防交通事故。

77. 五位一体的源头管控制度体系

构建集规划设计、重点行业领域、工艺设备材料、特殊场所、人员素质"五位一体"的源头管控和安全准入制度体系。

2017年3月10日，国务院安委办印发的《关于实施遏制重特大事故工作指南全面加强安全生产源头管控和安全准入工作的指导意见》（安委办〔2016〕3号）中提出：

构建集规划设计、重点行业领域、工艺设备材料、特殊场所、人员素质"五位一体"的源头管控和安全准入制度体系。

（1）明确规划设计安全要求。具体包括：1）加强规划设计安全评估；2）科学规划城乡安全保障布局；3）严把工程管线设施规划设计安全关；4）严把铁路沿线生产经营单位规划安全关。

（2）严格重点行业领域安全准入。具体要求：1）合理确定企业准入门槛；2）完善建设项目安全设施和职业病防护设施"三同时"制度；3）严格审批重点行业领域建设项目。

（3）强化生产工艺、技术、设备和材料安全准入。具体要求：1）加快淘汰退出落后产能；2）加快完善强制性工艺技术装备材料安全标准；3）加强关键技术工艺设备材料安全保障；4）提升交通运输和渔业船舶安全技术标准；5）强制淘汰不符合安全标准的工艺技术装备和材料。

（4）建立特殊场所安全管控制度。具体要求：1）科学合理控制高风险和劳动密集型作业场所人员数量；2）严格管控人员密集场所人流密度。

（5）完善从业人员安全素质准入制度。具体要求：1）提高高危行业领域从业人员安全素质准入条件；2）提升重点行业领域关键岗位人员职业安全技能。

78. 企业 111812 制度

（1）3个"1"即1个年度安全生产目标责任、1个企业安全操作规程、1个事故应急救援预案。

（2）"8"即8项制度，包括企业安全生产会议制度、安全生产检查制度、领导带班作业制度、隐患整改制度、安全生产奖惩制度、安全生产培训教育制度、安全生产投入保障制度、重大危险源监控制度。

（3）"12"即12个台账，包括安全生产会议台账、安全生产组织台账、安全生产教育台账、安全生产检查台账、事故台账、安全生产工作考核与奖惩台账、职业安全卫生台账、安全防护用品台账、事故预案台账、重大危险源台账、安全生产技术装备台账、特种作业人员台账。

第三章 安全文化、教育培训术语

1. 安全教育培训

为了提高人的安全素质，增强对安全生产的责任感和贯彻执行安全生产法律法规的自觉性，掌握安全生产的科学知识与操作技能而进行的教育和培训。

安全教育培训是安全生产管理的一项重要工作。内容包括安全管理方针、政策、法规，事故预防理论，安全工程技术，操作技能，管理经验和事故教训等。

以下摘录为各重要文献的有关解释：

（1）庄育智等. 安全科学技术词典. 北京：中国劳动出版社，1991.

安全教育指为实现安全生产所实行的教育的总称。

（2）美国安全工程师学会（ASSE）. 安全专业术语词典.

安全教育也称安全生产教育，是一项为提高职工安全技术水平和防范事故能力而进行的教育培训工作。安全教育是有计划地向企业干部、新职工进行思想政治教育，灌输劳动保护方针政策和安全知识，通过典型经验和事故教训教育，促使群众不断认识和掌握企业不安全、不卫生因素和伤亡事故规律，是实现安全文明生产，进行智力投资，全面提高企业素质的一项根本性的重要工作。

安全教育包括社会安全生产宣传教育、学校安全知识和专业教育及企业安全教育。

1）社会安全教育包括利用报刊、广播、电视、网络等生动活泼、群众喜闻乐见的形式普及安全知识，宣传安全生产法规，报道典型事故案例，联系实际广泛开展安全生产宣传工作，提高全民安全意识。

2）学校安全教育包括在小学、中学、职业高中、中等专业学校开展安全生产科普知识教育，设立行业安全专业课；在理工科大学设置与该系和专业结合的安全工程专业课；在有关院校设置安全工程、卫生工程系或专业。

3）企业对全体人员进行的多种形式的安全生产教育，包括对厂（矿）长的安全培训、对安全专业干部的培训、对新工人的三级安全教育、对职工日常的安全教育、特种作业安全教育和对采用新的生产方法、新设备、新工艺及新调换工作的工人进行的新操作法、新岗位的安全教育。

2. 安全技能

人们安全完成作业的技巧和能力。它包括作业技能，熟练掌握作业安全装置设施的技能，以及在应急情况下，进行妥善处理的技能。

3. 安全文化

人类在社会发展过程中，为维护安全而创造的各种物态产品及形成的意识形态领域的总和。

安全文化是人类在生产活动中所创造的安全生产、安全生活的精神、观念、行为及物态的总和；是安全价值观和安全行为标准的总和；是保护人的身心健康、尊重人的生命、实现人的价值的文化。

以下摘录为各重要文献的有关解释：

（1）孙连捷，张梦欣. 安全科学技术百科全书. 北京：中国劳动社会保障出版社，2003.

关于安全文化，有不同的提法，一般来说，主要有三种提法。

1）根据大众所接受的文化概念，有人认为：安全文化是指在人类发展的历程中，在其生产、生活、生存及科学实践的一切领域内，为保障人类身心安全与健康，并使其能安全、舒适、高效从事一切活动；为预防、避免、控制和消除意外事故和灾害；为建造安全可靠、和谐无害的环境和匹配运行的安全体系；为使人类康乐、长寿及世界和平而创造的物质财富和精神财富的总和。安全文化可分为 4 个层次（领域）：器物层（物质安全文化）、制度层（制度安全文化）、精神智能层（精神安全文化）、价值规范层（安全的价值观及行为规范文化）。

2）有人将安全文化概念等同于安全文化素质。

3）就实际安全管理的需要来看，为了达到预防事故、保障职工安全、舒适、高效地工作，从事安全文化活动，应该具有一定的可操作性，因此，有人认为：安全文化实际上是文化管理这一流派，是技术在安全领域的应用。

（2）国际核安全咨询组（INSAG）

安全文化是存在于单位和个人中的种种素质和态度的总和。

（3）英国健康安全委员会核设施安全咨询委员会（HSCASNI）

一个单位的安全文化是个人和集体的价值观、态度、能力和行为方式的综合产物，它决定于健康安全管理上的承诺、工作作风和精通程度。

（4）国际原子能委员会

安全文化是存在于组织和个人中的种种特性和态度的总和，安全文化建立一种超出一切之上的观念，即核电厂安全问题是由于它的重要性要保证得到应有的重视。

4. 四个安全技术公理

公理1：危险源的固有风险是确定的。

公理2：成熟技术的现实风险是可控的、可接受的。

公理3：隐患增大现实风险。

公理4：基于风险可最大化实现安全。

这四个公理是安全科研工作者许铭等在2015年提出的。四个公理反映了安全技术工作的基本规律，对指导实践有重要作用。

（1）公理1可称为"悲观"公理。从物质（能量）角度，危险源是科学技术和人类活动本身，体现了科学技术和人类活动这把双刃剑的另一面——潜在的威胁或负面效应。汽车、动车、大飞机、大型炼化装置、巨型储罐、核电站、纳米技术、信息技术、采矿、宇宙探险等科学技术及人类活动是人类孜孜以求的追求和梦想，一方面为人类造福；另一方面带来了前所未有的危险，它们本身就是危险源。危险源的固有风险不易消除，现代工业的规模化、高能量、高速度使这种形势更加严峻。

（2）公理2可称为"乐观"公理。尽管危险源的固有风险不可消除，但人类从没有停止过控制危险源的探索。随着科学技术的发展，人类认识、把握客观规律的能力越来越强，完全可以有信心采取有效的安全措施，实现将风险降低到可接受的程度。

（3）公理3可称为"本质"公理。指出隐患是现实风险增大的罪魁祸首，危险源不可怕，隐患最可怕。任何安全技术措施都会老化失效、任何制度会僵化，人员自身惰性难以克服，这些都是产生隐患的根本原因。安全生产的核心工作是预测、消除所有可能引起安全措施失效的隐患，这是最要紧、最繁重的日常工作，是能否保证安全的最大挑战。

（4）公理4可称为"途径"公理。以消灭事故为导向实现安全的途径是被动的、盲目的、无止境的，其理论的内在缺陷决定了其实现安全效果的局限性。只有以风险为导向，将隐患排查治理与现实风险预测预警结合起来，采取适当的预控措施，才能积极地、有目的地、高效地全面实现安全目标。

危险源是内因，隐患是外因，它们服从唯物辩证法的内外因作用原理：内因是变化的根据，外因是变化的条件，外因通过内因而起作用。事故（职业病）是危险源与隐患共同作用的结果。公理1指出了解决安全问题的根源，公理2指出了解决安全问题的希望，公理3说明了安全工作的核心，公理4说明了安全工作的途径。

5. 五大安全科学公理

公理1：生命安全至高无上。

公理2：事故是安全风险的产物。

公理3：安全是相对的。

公理4：危险是客观的。

公理5：人人需要安全。

这五大公理是安全科研工作者罗云等在2012年提出的。

（1）公理1表明了安全的重要性。生命安全在一切事物和活动中，必须置于最高、至上的地位，即要树立"安全为天，生命为本"的安全理念。这是世间每一个人、社会每一个企业必须接受和认可的客观真理。

（2）公理2揭示了安全的本质性，揭示了"事故—安全—风险"的关系。从中解读出如下内涵：一是阐明事故是安全的目的、表象或结果；二是风险才是安全的本质和内涵；三是要预防事故发生，要从安全本质——风险入手，实现风险可接受。预防事故、控制事故的根本在于预防和控制风险。

（3）公理3表明了安全的相对性。人类创造和实现的安全状态和条件是相对于时代背景、技术水平、社会需求、行业需要、法规要求而存在的，是动态变化的，现实中做不到"绝对安全"。安全只有相对，没有绝对；安全只有更好，没有最好；安全只有起点，没有终点。

（4）公理 4 反映了安全的客观性。社会生活和工业生产过程中，来自于技术与自然系统的危险因素是客观存在的，不以人的意志为转移的。危险和安全是一对相伴存在的矛盾，危险是客观的、有规律的，安全也是客观的、有规律的。正确认识危险是人类发展安全科学技术的前提和基础，辨识、认知、分析、控制危险是安全科学技术的最基本任务和目标。同时，危险的客观性也表明认识危险是一个循序渐进的过程，决定了安全科学技术需要的必然性、持久性和长远性。

（5）公理 5 反映了安全的必要性、普遍性和普适性。世界上每一个自然人、社会人，无论地位高低、财富多少，都需要和期望自身的生命安全健康，都需要安全生存、安全生活、安全生产、安全发展。安全是生命存在和社会发展的前提和条件，是人类社会普遍性和基础性的目标，人类从事任何活动都需要安全作为保障。

6. 五大安全科学定理

定理 1：坚持安全第一的原则。

定理 2：秉持事故可预防信念。

定理 3：遵循安全发展规律。

定理 4：把握持续安全方法。

定理 5：遵循安全人人有责的准则。

7. 事故预防 3E 原则

（1）工程技术（Engineering）：运用工程技术手段消除不安全因素，实现生产工艺、机械设备等生产条件的安全。

（2）教育（Education）：利用各种形式的教育和训练，使职工树立安全第一的思想，掌握安全生产所必需的知识和技能。

（3）强制（Enforcement）：借助于规章制度、法规等必要的行政乃至法律的手段约束人们的不安全行为。

8. 五个安全理念

（1）思想理念：安全第一、生命至上。

（2）管理理念：安全管理严在干部、现场管理严在流程、日常管理严在细节。

（3）责任理念：职工生命高于一切、安全责任重于泰山。

（4）价值理念：任务再重重不过安全、金钱再贵贵不过生命。

（5）追求理念：天天从零开始。

9. 安全管理必信理念

（1）没有消除不了的隐患。

（2）没有避免不了的事故。

10. 海因里希法则

1931 年，美国著名安全工程师海因里希（Herbert William Heinrich）发现在机械事故后果中，死亡和重伤、轻伤、无伤害的比例为 1∶29∶300，国际上把这一法则叫海因里希法则。

海因里希法则（如下图所示：a 图为海因里希统计，b 图为博德统计；c 图为壳牌统计）表明，尽管发生严重后果的概率小一些，但其与无伤害事故原因相同或相似。为了防止严重事故后果，就必须重视事故的苗头和未遂事故、险肇事故，否则终会酿成大祸。

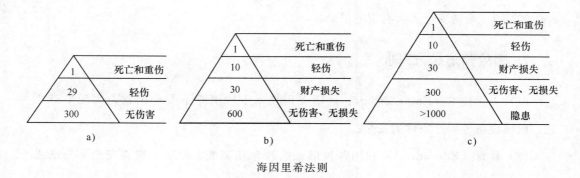

海因里希法则

11. 安全生产月

在我国，自 2002 年开始，党中央、国务院的各相关主管部门为了宣传安全生产方针政策和普及安全生产法律法规知识、增强全民安全意识，联合开展的全国性安全生产集中宣教活动。

经国务院批准，由国家经委、国家建委、国防工办、国务院财贸小组、全国总工会和中央广播事业局等10个部门共同做出决定，于1980年5月在全国开展"安全生产月"，并确定今后每年6月都开展"安全生产月"，使之经常化、制度化。

1980年开展的"全国安全月"活动是中华人民共和国成立以来的第一次。1984年时任国务委员、国家经委主任、"全国安全月"领导小组组长张劲夫发表题为《狠抓安全生产，提高经济效益》的广播电视讲话，动员全国开展第5次"全国安全月"活动。

1984年11月26日，国务院批准了"全国安全月"领导小组《关于今年"安全月"活动的情况和今后意见的报告》，决定成立常设的安全生产委员会，就加强安全生产工作提出了意见。1985年4月26日，全国安全生产委员会发出《关于开展安全活动的通知》。通知指出今后不再搞"全国安全月"了，但各地区、各部门必须针对实际情况认真组织安全生产活动。"全国安全月"从1980年一直持续到1984年，在历经5次"全国安全月"活动期间，我国着重加强安全生产的宣传教育工作，使安全意识深入人心。

2002年，中共中央宣传部、国家安全生产监督管理局等部委结合当前安全生产工作的形势，在总结经验的基础上，确定在2002年6月份开展首次"安全生产月"活动，将此前每年进行的"安全生产周"活动的形式和内容进行了延伸。这是党中央、国务院为宣传安全生产一系列方针政策和普及安全生产法律法规知识、增强全民安全意识的一项重要举措。

【2002年以来"安全生产月"主题】

2017年：全面落实企业安全生产主体责任

2016年：强化安全发展观念，提升全民安全素质

2015年：加强安全法治，保障安全生产

2014年：强化红线意识，促进安全发展

2013年：强化安全基础，推动安全发展

2012年：科学发展，安全发展

2011年：安全责任，重在落实

2010年：安全发展，预防为主

2009年：关爱生命，安全发展

2008年：治理隐患，防范事故

2007 年：综合治理，保障平安

2006 年：安全发展，国泰民安

2005 年：遵章守法，关爱生命

2004 年：以人为本，安全第一

2003 年：实施安全生产法，人人事事保安全

2002 年：安全责任重于泰山

12. 安全生产万里行

每年"安全生产月"开始，自 6 月 1 日开始任全国各地展开"安全生产万里行"活动，11 月底结束。活动由国务院安委会办公室组织启动仪式，国务院安委会成员单位的有关部门负责人、典型企业代表以及中央、各地主流媒体参加。启动仪式之后，活动组委会分赴全国各地开展以宣传、采访、督导为主要形式的"安全生产万里行"活动，负有安全生产监督管理职责的部门负责人、安全生产专家和媒体记者，深入基层和重点企业，开展专题行、区域行活动。

2002 年恢复全国"安全生产月"活动，同期，中共中央宣传部、国家安全生产监督管理局、国家广播电影电视总局、中华全国总工会、共青团中央决定 2003 年继续在"安全生产月"期间开展"安全生产万里行"活动。"安全生产万里行"活动主题与"安全生产月"活动主题相同。

13. 《安全生产法》宣传周

我国从 2017 年起，每年 12 月的第一周（12 月 1 日—7 日）作为《中华人民共和国安全生产法》（简称《安全生产法》）宣传周，集中开展宣传活动。

2017 年 11 月 20 日，国务院安委会办公室下发《关于深入组织开展好第一个〈安全生产法〉宣传周活动的通知》（安委办函〔2017〕147 号）规定：从 2017 年起，将每年 12 月的第一周（12 月 1 日—7 日）作为《安全生产法》宣传周，集中开展宣传活动。

14. 安康杯

"安康杯"是取"安全"和"健康"之意而设立的，由我国工会系统主导实施的安

全生产荣誉奖杯。

"安康杯"竞赛，顾名思义也就是把竞争机制、奖励机制、激励机制应用于安全生产活动中的群众性"安全"与"健康"竞赛，它是我国劳动竞赛在安全生产工作中的具体应用、实践和延伸。

"安康杯"竞赛活动的最初形式是 20 世纪 80 年代中期由内蒙古自治区包头市总工会等部门首创，经实践不断完善，而后逐步在内蒙古自治区全区推开。经过几年在全区开展"安康杯"竞赛活动，内蒙古自治区的安全生产状况逐年改善，工伤事故连年下降，效果十分显著。1998 年，中华全国总工会和国家经贸委在总结内蒙古自治区开展"安康杯"竞赛活动经验的基础上，对这种活动形式给予了充分的肯定，并在进一步完善和充实活动内容、形式的基础上在全国逐步展开。2017 年，"安康杯"实现参赛企业数突破了 60 万家，职工安全健康意识进一步增强。

15. 青年安全生产示范岗

"青年安全生产示范岗"创建活动由团中央、国家安全生产监督管理总局联合组织开展，活动于 2001 年 4 月启动实施，提出了"安全生产、青年当先"的主题口号。

"青年安全生产示范岗"创建活动主要面向企业一线生产车间、班组等基层安全生产单位，以青年职工为主体，以安全生产示范为导向，以安全思想教育、安全技能培训、安全监督管理为内容。

16. 平安校园

"平安校园"是教育系统促进校园及周边治安综合治理工作的活动。

2004 年浙江省在全国率先启动"平安校园"建设活动。大、中、小学开展平安校园建设，是保护学生安全、维护学校稳定和促进教育事业改革发展的前提和保障。2012 年中央综治委校园安全专项组办公室下发《关于评选平安校园建设优秀成果的通知》（校园安全办〔2012〕3 号），以促进校园及周边治安综合治理工作。

17. 《职业病防治法》宣传周

每年的 4 月 25 日至 5 月 1 日是《中华人民共和国职业病防治法》宣传周。

2001 年 10 月 27 日，《中华人民共和国职业病防治法》（以下简称《职业病防治法》）经第九届全国人民代表大会常委会第二十四次会议正式审议通过，自 2002 年 5 月 1 日起施行。为搞好《职业病防治法》宣传活动，卫生部决定从 2002 年起，每年 4 月最后一周为《职业病防治法》宣传周。

历年来《职业病防治法》宣传周主题：

2003 年第一届：职业病防治是企业责任

2004 年第二届：尊重生命，保护劳动者健康

2005 年第三届：防治职业病，保护劳动者健康

2006 年第四届：保护劳动者职业健康权益，构建和谐社会

2007 年第五届：劳动者健康与企业社会责任

2008 年第六届：工作　健康　和谐

2009 年第七届：保护农民工健康是全社会的共同责任

2010 年第八届：防治职业病　造福劳动者——劳动者享有基本职业卫生服务

2011 年第九届：关爱农民工职业健康

2012 年第十届：防治职业病，爱护劳动者

2013 年第十一届：防治职业病，幸福千万家

2014 年第十二届：防治职业病，职业要健康

2015 年第十三届：依法防治职业病，切实关爱劳动者

2016 年第十四届：健康中国，职业健康先行

2017 年第十五届：健康中国，职业健康先行

18. 新工人三级安全教育

厂级安全教育、车间级安全教育、岗位（班组）级安全教育。

19. 四个百分之百

（1）人员入场安全教育、培训要求百分之百合格。

（2）安全规定要求百分之百执行。

（3）操作正确率要求百分之百实现。

（4）施工人员"三不伤害"（不伤害自己、不伤害他人、不被别人伤害）措施要求

百分之百落实。

20. 一书三卡

（1）一书：作业指导书。

（2）三卡：控措卡、程序卡、验收卡。

21. 5W1H

（1）Why——为什么做（目的）。

（2）What——范围，做什么，使用什么材料。

（3）Who——谁来做。

（4）When——什么时间做。

（5）Where——在哪里做。

（6）How——如何做，如何控制和记录。

22. 安全六先

（1）安全意识在先。

（2）安全投入在先。

（3）安全责任在先。

（4）建章立制在先。

（5）隐患预防在先。

（6）监督执法在先。

23. 安全管理六个不变

（1）安全第一的思想不变。

（2）企业法人代表作为第一责任者的责任不变。

（3）执行有效的安全规章制度不变。

（4）强化安全生产的力度不变。

（5）安全生产重奖重罚的原则不变。

（6）依靠广大职工搞好安全工作的传统不变。

24. 安全三大权利

（1）职工有权制止违章作业，拒绝违章指挥。

（2）当工作地点出现险情时，有权立即停止作业，撤到安全地点。

（3）当险情没有得到处理不能保证人身安全时，有权拒绝作业。

25. 安全生产宣传教育七进

安全生产宣传教育进企业、进学校、进机关、进社区、进农村、进家庭、进公共场所。

2017年全国"安全生产月"活动，提出安全生产宣传教育进企业、进学校、进机关、进社区、进农村、进家庭、进公共场所的"七进"活动。

26. 三自三创

（1）车间自主管理安全，创建本质安全型车间。

（2）班组自主保安全，创建本质安全型班组。

（3）个人自主保安全，创建本质安全型个人。

27. 安康杯十个一

（1）背一则安全规章。

（2）读一种安全生产知识书籍。

（3）受一次安全培训教育。

（4）忆一起事故教训。

（5）查一个事故隐患。

（6）提一条安全生产合理化建议。

（7）做一件预防事故实事。

（8）当一周安全监督员。

（9）献一元安全生产经费。

（10）写一篇安全生产感想（汇报）。

28. 事故管理四个环节

源头管理、过程控制、应急救援、事故查处。

29. 安全管理三个到位

思想认识要到位、履行职责要到位、基础工作要到位。

30. 四个一样

（1）领导在场与不在场一样。

（2）晚上和白天一样。

（3）简单工作与复杂工作一样。

（4）不是工作负责人和工作负责人一样。

31. 四种安全标志

禁止标志、警告标志、指令标志、提示标志。

32. 四种安全色

红色代表禁止、黄色代表警告、蓝色代表指令、绿色代表提示。

33. 安全五四三活动

（1）五反：反车间人员拖拉，反班组长责任不落实，反安全管理人员工作马虎，反员工思想麻痹，反隐患整改反馈不及时。

（2）四查：查思想、查隐患、查操作、查质量。

（3）三不放过：事故处理不放过、排查隐患不放过、"三违"人员不放过。

34. 三讲一落实风险管理

（1）讲任务，要明确、具体。

（2）讲作业安全风险，要全面、细致。

（3）讲现场作业安全风险措施，要有针对性，可操作性强，并明确如何落实及由谁负责。

（4）抓落实，要实招、实效，做好作业现场检查、确认工作，确保每个环节留下管理痕迹，有据可查。

35. 安全管理三字方针

（1）"严"：严格管理，严格要求，敢抓敢管，要一丝不苟。

（2）"细"：深入实际，从细微处做起，从点滴做起。

（3）"实"：踏踏实实，从实际出发，不是停留在口头上，不是只写在文章里或说给别人看，一切工作必须讲实效，狠抓落实。

36. 三结合教育法

（1）正面教育与反面教育相结合。

（2）家庭教育与单位教育相结合。

（3）超前教育与现场教育相结合。

37. 六比六赛

（1）比工作作风，赛思想境界。

（2）比行为规范，赛业务素质。

（3）比过程精细，赛工作质量。

（4）比文明生产，赛思想境界。

（5）比系统达标，赛服务质量。

（6）比成果推广，赛科技创新。

38. 班组安全日

每周开展一次"安全日"活动，主要开展安全学习、安全宣传及安全反思等工作。

39. 安全管理三负责制

（1）向上级负责。

（2）向从业人员负责。

（3）向自己负责。

40. 三无目标管理

（1）个人无违章。

（2）岗位无隐患。

（3）班组无事故。

41. 五关爱企业文化

关爱自然、关爱社会、关爱员工、关爱机器、关爱消费者。

42. 五爱安全管理

爱岗位、爱生命、爱学习、爱"找茬"、爱纠错。

43. 五到安全管理

管理到物、交接到岗、考核到人、转换到位、自觉到行（为）。

44. 安全生产月三个并重

（1）集中性宣传与全年常态化宣传并重。

（2）活动"宣教"的实效与媒体"宣传"的传播力并重。

（3）宣教对象的关键少数与广大社会公众并重。

45. 安全警示教育四个看待

（1）把历史上的事故当成今天的事故来看待，警钟长鸣。

（2）把别人的事故当成自己的事故来看待，引以为戒。

（3）把小事故当成重大事故看待，举一反三。

（4）把隐患当成事故来看待，防止侥幸心理酿成大祸，防患于未然。

46. 四不伤害

不伤害自己、不伤害他人、不被他人伤害、保护他人不受伤害。

47. 设备管理四懂三会

（1）四懂：懂设备的结构，懂设备的性能，懂设备的工作原理，懂设备的用途。

（2）三会：会操作使用设备，会维护保养设备，会排查设备故障。

48. 一墙一卡

（1）一墙：指建立一面"安全文化墙"。

（2）一卡：指每位员工手握一张"平安卡"。

49. 八大安全文化宣教阵地

门庭、过道、车间、澡堂、餐厅、宿区、通勤车、家属区为八大安全文化宣教阵地。

50. 安全宣教工作四舍五入

（1）四舍：舍弃不切实际的宣传内容；舍弃空洞无物、缺乏人性化的标语口号；舍弃缺乏情感的教育方式；舍弃死板陈旧的工作方法。

（2）五入：入户、入网、入心、入市、入法。其中："入户"指要深入员工家庭；"入网"指利用计算机网络；"入心"指深入心中；"入市"指注重发挥经济杠杆的作用；"入法"指宣传安全生产法律法规。

51. 四特殊和三结合

（1）四特殊：形势教育、亲情教育、关怀教育、氛围教育。

（2）三结合：安全生产榜样示范教育与员工自我教育相结合，文化宣传教育与问题现场教育相结合，正面安全理念教育与反面事故教训教育相结合。

52. 五单现场示范教育

单教、单学、单练、单考、单查。

53. 五个一班组安全教育

（1）上好安全教育一堂课。

（2）举办一场安全讲座。

（3）举行一次安全竞赛。

（4）开展一次不安全情况追忆。

（5）进行一次安全知识和规程考试。

54. 六有六无安全管理

（1）六有：安全有目标、管理有规章、操作有规程、检查有记录、考核有依据、班组有安全员。

（2）六无：作业无事故、操作无"三违"、设备无故障、环境无隐患、制度无缺陷、教育无遗漏。

55. 四个过硬安全管理

（1）在设备上过硬。

（2）在操作上过硬。

（3）在质量上过硬。

（4）在复杂情况面前过硬。

56. 三抓安全管理

抓思想、抓基础、抓基层。

57. 互救三先三后原则

（1）对窒息伤员，必须先复苏后搬运。

（2）对出血伤员，必须先止血后搬运。

（3）对骨折伤员，必须先固定后搬运。

58. 自救五字原则

（1）灭：将事故消灭在初始阶段。

（2）护：用器材保护自己。

（3）撤：快速撤离灾区。

（4）躲：无法撤退时，到避难硐室躲避待救。

（5）报：尽快上报灾情。

59. 四字应急管理

（1）图：逃生路线图。

（2）点：紧急集合点。

（3）号：报警电话号码。

（4）法：常用的急救方法。

60. 员工三能力

事故超前预防能力、紧急状态处置能力、事故自救互救能力。

61. 岗位四达标

班组长安全素质达标、员工安全装备达标、岗位安全环境达标、现场作业程序达标。

62. 现场安全作业系统五化

现场管理规范化、设备操作标准化、制度执行军事化、员工行为团队化、作业程序精细化。

63. 管理五化

规模化、机械化、标准化、信息化、科学化。

64. 四新

新材料、新设备、新工艺、新技术。

65. 班组长四抓四不走管理

（1）四抓：抓现场管理，抓全过程的操作程序和工程质量，抓当班的记分工资分配，抓交接班后的隐患处理和安全确认。

（2）四不走：有事故隐患处理不好不走，安全质量不达标不走，现场文明生产搞不好不走，交班遗留隐患问题不交清不走。

66. 安全信得过班组

（1）设备设施"信得过"。

（2）工艺流程"信得过"。

（3）操作规范"信得过"。

（4）遵章守纪"信得过"。

67. 四有班组安全工作法

（1）工作有计划。

（2）行动有方案。

（3）步步有确认。

（4）事后有总结。

68. 123 现场安全教学法

（1）一个坚持：坚持按需培训及学以致用的原则。

（2）两个到位：资金投入落实到位、培训计划落实到位。

（3）三种方式：内部脱产培训、外培系统培训和外出参观学习进行交流培训。

69. 安全活动三落实

落实时间、落实人员、落实内容。

70. 班前会三交三查

（1）三交：交安全、交任务、交技术。

（2）三查：查"三宝"（安全帽、安全带、安全网）、查衣着、查精神状况。

71. 安全管理五个一样

（1）大小工程作业，安全管理一个样。

（2）领导在场不在场，"执规"力度一个样。

（3）复杂与简单工作，施工组织及措施落实到位一个样。

（4）时间长短、松紧，安全工作程序一个样。

（5）人多人少，执行工作分工及监护到位一个样。

72. 0123 管理法

（1）0 即重大事故为零的管理目标。

（2）1 即第一把手为第一责任人。

（3）2 即岗位、班组标准化的"双标"建设。

（4）3 即全员教育、全面管理、全线预防的"三全"对策。

73. 3210 管理模式

（1）3 即"三种学习"：走出去、请进来和自我学习。三种学习方式融会贯通，既提升了从业人员的安全知识和安全意识，也使从业人员了解了安全生产的法律法规，有效提升了从业人员的安全操作行为和管理人员的安全管理能力。

（2）2 即"两种制度"：自上而下、自下而上的奖惩制度。通过两种奖惩制度，达到奖惩分明，有功必奖，有过必罚，充分提高了从业人员安全操作的主动性和管理人员主动管理的积极性。

（3）1 即"一种安全文化"：通过"一课、一卷、一档案"的安全生产培训机制，"一册、一赛、一舞台"的安全文化宣传模式，让"安全"两个字深入生产经营单位上下每位从业人员心中，成功实现从业人员从以前的"要我安全"到现在的"我要安全"，形成了一种真正的安全生产文化氛围。

（4）0 即"三零目标"：零死亡、零职业病、零伤害。

74. 01467 安全管理法

燕山石化总结的一种安全管理模式：

（1）0：重大人身、火灾爆炸、生产、设备交通事故为零。

（2）1：一把手抓安全，是企业安全第一责任者。

（3）4：全员、全过程、全方位、全天候的安全管理和监督。

（4）6：安全法规标准系列化、安全管理科学化、安全培训实效化、生产工艺设备安全化、安全卫生设施现代化、监督保证体系化。

（5）7：规章制度保证体系、事故抢救保证体系、设备维护和隐患整改保证体系、安全科研与防范保证体系、安全检查监督保证体系、安全生产责任制保证体系、安全教育保证体系。

75. 班组安全管理六转变

（1）班组安全管理目标：从"零事故"到"零三违"的转变。

（2）班组安全管理方式：从静态管理向动态管理的转变。

（3）班组安全管理方法：从被动约束向综合激励的转变。

（4）员工责任心：从负责到自责、从他律到自律的转变。

（5）员工素质：从思想认知向行为技能（体现）的转变。

（6）员工态度：从"要我安全"到"我要安全、我会安全"的转变。

76. 安全管理五个须知

（1）须知本单位安全重点部位。

（2）须知本单位安全责任体系和管理网络。

（3）须知本单位安全操作规程和标准。

（4）须知本单位存在的事故隐患和防范措施。

（5）须知并掌握事故抢险预案。

77. 安全管理九个到位

（1）领导责任到位。

（2）教育培训到位。

（3）安管人员到位。

（4）规章执行到位。

（5）技术技能到位。

（6）防范措施到位。

（7）检查力度到位。

（8）整改处罚到位。

（9）全员意识到位。

78. 安全管理工作的八个结合

（1）建立约束机制与激励机制相结合。

（2）突出重点与兼顾全面相结合。

（3）职能部门管理与齐抓共管相结合。

（4）防微杜渐与突出保障体系相结合。

（5）弘扬安全文化与常抓不懈相结合。

（6）安全检查与隐患整改相结合。

（7）落实责任制度与完善责任追究制度相结合。

（8）强化安全管理与推行安全生产确认制度相结合。

79. 基层安全工作六心管理

（1）对待本职工作要安心。

（2）对待安全工作要尽心。

（3）抓安全工作要细心。

（4）对待安全生产要关心。

（5）对待督促检查要虚心。

（6）对待安全隐患的整改要用心。

80. 安全活动三查、三想、三改

（1）查一查自己的行为是否伤害自己，想一想发生事故对自己和家庭造成的痛苦，改一改自己不安全的行为。

（2）查一查自己的行为是否伤害他人，想一想发生事故对他人和家庭造成的痛苦，改一改自己不规范的行为。

（3）查一查他人的行为是否伤害自己，想一想发生事故给自己和家庭带来的痛苦，督促他人改一改不安全的行为。

81. 安全管理四个坚持

（1）坚持安全教育。

（2）坚持反习惯性违章。

（3）坚持"四不放过"。

（4）坚持把安全措施落到实处。

82. 十大不安全心理因素

（1）侥幸。

（2）麻痹。

（3）偷懒。

（4）逞能。

（5）莽撞。

（6）心急。

（7）烦躁。

（8）赌气。

（9）自满。

（10）好奇。

83. 工作服三紧

袖口紧、领口紧、下摆紧。

84. 员工劳动防护用品三会

（1）会检查劳动防护用品的可靠性。

（2）会正确使用劳动防护用品。

（3）会正确维护、保养劳动防护用品。

第四章　隐患排查治理术语

1. 隐患整改五落实

隐患整改要落实责任、措施、资金、时限和预案。

2. 隐患整改四定原则

定人员、定措施、定时间、定资金。

3. 四类重点环节

（1）重点行业领域。

（2）重点乡镇。

（3）重点企业。

（4）重点时段。

4. 三反意识

（1）隐患查处用脑反思。

（2）施工质量用眼反查。

（3）措施落实用口反问。

5. 生产企业三超

（1）超能力生产。

（2）超强度作业。

（3）超定员生产。

6. 运输企业三超

超速、超员、超载。

7. 密闭空间作业

密闭空间作业是指在与外界相对隔离，进出口受限，自然通风不良，足够容纳一人进入并从事非常规、非连续作业的有限空间。

例如，炉、塔、釜、罐、槽车以及管道、烟道、隧道、下水道、沟、坑、井、池、涵洞、船舱（船舶燃油舱、燃油柜、锅炉内部、主机扫气道、罐体、容器等封闭空间和大舱）、地下仓库、储藏室、地窖、谷仓等的作业均属于密闭空间作业。

8. 两客一危

（1）两客：从事旅游的包车、三类以上班线客车。
（2）一危：运输危险化学品、烟花爆竹、民用爆炸物品的道路专用车辆。

9. 冬季四防

防滑、防冻、防火、防煤气中毒。

10. 夏季四防

防暑降温、防台风、防汛、防雷电。

11. 三要六查

（1）要吸取事故教训，查思想认识，查责任落实。
（2）要学习规程规定，查规章执行，查遵章守纪。
（3）要强化安全管理，查隐患排查，查治理落实。

12. 三查、三找、三整顿

（1）查麻痹思想、查事故苗头、查事故隐患。

（2）找差距、找原因、找措施。

（3）整顿思想、整顿作风、整顿现场。

13. 三定四不推

（1）三定：定人员、定措施、定期限。

（2）四不推：班组能解决的，不准推给车间；车间能解决的，不准推给厂部；厂部能解决的，不准推给主管部门；主管部门能解决的，不准推给政府。

"三定四不推"是安全隐患整改的基本原则。

14. 六个必有

（1）有轴必有套。

（2）有轮必有罩。

（3）有台必有栏。

（4）有洞必有盖。

（5）有轧点必有挡板。

（6）有特危必有联锁。

15. 一班三查

（1）班前查安全，思想添根弦。

（2）班中查安全，操作保平安。

（3）班后查安全，警钟鸣不断。

16. 劳动防护用品三证

生产许可证、产品合格证、安全鉴定证。

17. 四防一通

（1）四防：防火、防雨雪、防汛、防小动物侵入。

（2）一通：保持良好的通风。

变配电室、动力电源设备要实现"四防一通"。

18. 三不生产

（1）不安全不生产。

（2）隐患不消除不生产。

（3）安全措施不落实不生产。

19. 风险控制的三点

危险点、危害点、事故多发点。

20. 三定三镜隐患管理

（1）三定：定时写出检查通报，定时排查治理安全隐患，定时上报。

（2）三镜：排查安全隐患时用"显微镜"，不留死角；在处理事故时用"放大镜"，小题大做，吸取教训，举一反三；在制定安全措施时用"望远镜"，眼光长远，内容全面。

21. 三为六预隐患管理

（1）三为：以人为本、安全为天、预防为主。

（2）六预：预教、预测、预想、预报、预警、预防。

22. 三好四会设备管理

（1）三好：管好设备、用好设备、维护好设备。

（2）四会：会使用、会维护、会检查、会排除故障。

23. 六个一工作方式

走一走、看一看、闻一闻、听一听、讲一讲、记一记。

24. 三零三勤现场管理方法

（1）三零：生产环境零隐患、设备设施零缺陷、全员工作零违章。

（2）三勤：安全问题勤汇报、安全知识勤讲解、防范措施勤询问。

25. 十不登

(1) 患有心脏病、高血压、深度近视眼等禁忌证的不登高。

(2) 迷雾、大雪、雷雨或六级以上大风等恶劣天气不登高。

(3) 安全帽、安全带、软底鞋等个人劳防用品不合格的不登高。

(4) 夜间没有足够照明的不登高。

(5) 饮酒、精神不振或身体状态不佳的不登高。

(6) 脚手架、脚手板、梯子没有防滑或不牢固的不登高。

(7) 携带笨重工件、工具或有小型工具没配工具包的不登高。

(8) 石棉瓦上作业无跳板不登高，或高楼顶部没有固定防滑措施的不登高。

(9) 设备和构筑件之间没有安全跳板、高压电附近没采取隔离措施不登高。

(10) 梯子没有防滑措施和坡度数不够不登高。

26. 十不焊

(1) 不是电焊工、气焊工，无证人员不能焊割。

(2) 重点要害部位及重要场所未经消防安全部门批准，未落实安全措施不能焊割。

(3) 不了解焊割地点及周围情况（如该处能否动用明火、是否有易燃易爆物品等）不能焊割。

(4) 不了解焊割物内部是否存在易燃易爆的危险性不能焊割。

(5) 盛装过易燃易爆的液体、气体的容器（如气瓶、油箱、槽车、储罐等）未经彻底清洗，排除危险性之前不能焊割。

(6) 用可燃材料（如塑料、软木、玻璃钢、谷物草壳、沥青等）作保温层、冷却层、隔热等的部位，或火星飞溅到的地方，在未采取切实可靠的安全措施之前不能焊割。

(7) 有压力或密闭的导管、容器等不能焊割。

(8) 焊割部位附近有易燃易爆物品，在未清理或未采取有效的安全措施前不能焊割。

(9) 在禁火区内未经消防安全部门批准不能焊割。

(10) 附近有与明火作业相抵触的工种在作业（如刷漆、防腐施工作业等）不能焊割。

27. 十不吊

(1) 斜吊不吊。

（2）超载不吊。

（3）散装物装得太满或捆扎不牢不吊。

（4）指挥信号不明不吊。

（5）吊物边缘锋利无防护措施不吊。

（6）吊物上站人不吊。

（7）埋在地下的构件不吊。

（8）安全装置失灵不吊。

（9）光线阴暗看不清吊物不吊。

（10）六级以上强风不吊。

28. 十项安全技术措施

（1）按规定使用安全"三宝"（安全帽、安全带、安全网）。

（2）机械设备防护装置一定要齐全有效。

（3）塔吊等起重设备必须有限位保险装置，不准"带病运转"，不准超负荷作业，不准在运转中维修养护。

（4）架设电线线路必须符合当地政府主管的规定，电气设备必须全部接零接地。

（5）电动机械和手持电动工具要设置漏电保护装置。

（6）脚手架材料及脚手架的搭设必须符合规程要求。

（7）各种缆风绳及其设置必须符合规程要求。

（8）在建工程"四口"（楼梯口、电梯口、预留洞口、通道口）防护必须规范、齐全。

（9）严禁赤脚或穿高跟鞋、拖鞋进入施工现场，高空作业不准穿硬底和带钉易滑的鞋靴。

（10）施工现场的悬崖、陡坎等危险区域应设警戒标志，夜间要设红灯警示。

29. 安全八查

（1）查领导思想，提高企业各级领导的安全意识。

（2）查规章，提高职工准守纪律、克服"三违"的自觉性。

（3）查现场隐患，提高设备设施的本质安全水平。

（4）查易燃易爆危险点，提高危险作业的安全保障水平。

（5）查危险品保管，提高防盗防爆的保障措施。

（6）查防火管理，提高全员消防意识和灭火技能。

（7）查事故处理，提高防范类似事故的能力。

（8）查安全生产宣传教育和培训工作是否经常化和制度化，提高全员安全意识和自我保护意识。

30. 安全检查六防

（1）防"走马观花"。

（2）防本该当机立断的却"缓期执行"。

（3）防"感情用事"。

（4）防"以吃代罚"。

（5）防"以罚代法"。

（6）防"简单粗暴"。

31. 隐患排查治理四个注重

（1）注重激励机制建设，提高企业全员自主排查隐患的积极性，督促企业落实"一企一清单"。

（2）注重运用"互联网＋"手段，不断提高隐患排查治理信息化水平。

（3）注重风险辨识管控，提升源头隐患排查治理水平。

（4）注重绩效考核评估，实施差异化执法，推动监管方式创新。

32. 6S 现场管理

现场管理的一种方法，包括整理（SEIRI）、整顿（SEITON）、清扫（SEISO）、清洁（SEIKETSU）、素养（SHITSUKE）、安全（SECURITY）6 个环节。

33. 设备管理三定

定人、定位、定机。

34. 施工现场安全生产六大纪律

（1）进入施工现场必须戴好安全帽，并正确使用个人劳动防护用品。

（2）2 m 以上的高处、悬空作业、无安全设施的，必须系好安全带、扣好保险钩。

（3）高处作业时，不准往下或向上乱抛材料和工具等物件。

（4）各种电动机械设备必须有可靠有效的安全接地和防雷装置，方能开动使用。

（5）不懂电气和机械的人员，严禁使用和玩弄机电设备。

（6）吊装区域非操作人员严禁入内，吊装机械必须完好，把杆垂直下方不准站人。

35. 四三二一安全检查

（1）班组长"四三二一安全检查"：

"四查"：一查本班组人员的安全生产意识强不强；二查本班组人员的安全技术操作规程执行得好不好；三查本班组的危险部位、危险源（点）的安全措施是否到位有效；四查本班组的作业环境、作业现场是否符合安全生产要求。

"三掌握"：一掌握本班组人员的个人家庭状况；二掌握本班组人员近期精神状况和思想倾向；三掌握本班组人员的个性特点。

"二抓"：一抓岗位安全生产责任制的落实与否；二抓隐患整改的落实与否。

"一严"：严格按班组安全生产规章制度考核奖惩。

（2）安全员"四三二一安全检查"：

"四感官"：耳听、眼看、鼻闻、手摸。耳听，听机器设备有无异响；眼看，看机器设备的安全防护装置是否齐全有效和岗位员工有无"三违"行为；鼻闻，闻机器设备有无异味；手摸，摸机器设备有无异常振动。

"三勤"：腿勤、嘴勤、脑勤。腿勤，到班组各个岗位、各个操作点巡回检查；嘴勤，及时宣传国家安全生产方针政策，纠正岗位违章行为，耐心讲明违章的危害；脑勤，想方设法，多出点子，对班组各类事故要有超前预防能力。

"二实"：一是干安全工作要实，不能有浮夸作风；二是对待各类事故隐患整改要实。

"一敢"：要有敢碰硬的精神。

（3）员工"四三二一安全检查"：

"四查"：一查自己所操作的设备运行状况是否良好；二查自己岗位清洁是否符合要求；三查自己的操作、作业环境是否存在不安全因素或隐患；四查自己是否按规定正确穿戴劳动防护用品。

"三懂"：一懂自己操作的设备结构、性能、原理；二懂自己所辖工艺流程；三懂发生意外或事故的防护措施。

"二坚持"：一是任何情况下都要坚持安全技术操作规程；二是任何情况下都要坚持标准化作业。

"一杜绝"：杜绝违章作业。

36. 两个100%、一个20%、一个10%、三个全覆盖

（1）两个100%：各市政府和省有关部门对本级负责监管的重点生产经营单位100%进行检查。

（2）一个20%：各市政府对县级政府监管的生产经营单位抽查比例不得低于20%。

（3）一个10%：省有关部门对市、县级政府监管的生产经营单位抽查比例不得低于10%。

（4）三个全覆盖：县、乡政府对辖区内的各类生产经营单位要做到检查全覆盖；各级各部门对高危行业领域企业要做到检查全覆盖；各级安委会对下级政府大检查工作情况每月至少督查一次，做到省、市、县督查全覆盖。

2017年10月，山西省在布置国家安全生产监督管理总局关于安全生产大检查的通知时突出检查要求，要求各个方面做到"两个100%、一个20%、一个10%、三个全覆盖"。

37. 安全执法六个一律

（1）对督查检查中发现的隐患，一律当场查处，督促企业立即进行整改、彻底治理到位。

（2）对不能立即整改的，一律挂牌督办，逐项销号，并责令相关部门严盯死守，坚决防止发生事故。

（3）对屡查屡犯、屡教不改、长期存在非法违法生产经营行为和重大事故隐患的，一律依法采取停产整顿、依法处罚、关闭取缔、严肃追责措施。

（4）对关闭取缔和停产整顿的单位，一律逐一复查，确保真关真停。

（5）对大检查期间发生的典型事故、较大涉险事件和瞒报、谎报、迟报事故的，一律提级查处。

（6）对被追究刑事责任的生产经营者，一律依法实施相应的职业禁入。

第五章　应急术语

1. 突发事件

突然发生，造成或者可能造成严重社会危害，需要采取应急处置措施予以应对的自然灾害、事故灾难、公共卫生事件和社会安全事件（《中华人民共和国突发事件应对法》）。

2. 脆弱性

脆弱性是针对社区对危险的暴露程度或易感性和恢复能力的描述或衡量。

脆弱性是指对危险的易感性和从灾难中恢复的能力。通俗地讲，脆弱性就是对家庭、社区而言，在面对各种灾难的时候，从自身方面寻找的遭受损失的原因。

以下摘录为各重要文献的有关解释：

（1）澳大利亚紧急事态管理署

脆弱性是指：社区与环境对危险的易感性和康复力的程度；风险中的特定元素的损失度，或者设定在一个规定量级的现象发生时产生元素的损失度，用从 0（没有损失）到 1（全部损失）的数值来表示。

（2）美国的教科书

脆弱性是关于社区对危险的暴露程度或易感性和恢复力的描述或衡量。脆弱性是一个社区招致损失的倾向性的尺度，换句话说，脆弱性是对危险的风险易感性。脆弱性也是康复力的尺度。

（3）新西兰民防部

脆弱性是社区或社会团体对其面临危险的后果在预测、避免或减轻、应对及从中恢复的能力和暴露度。

3. 监测

通过各种方式、方法收集突发公共事件的相关信息并进行分析处理、评估预测的过程。

4. 预警

根据监测结果，判断突发公共事件可能或即将发生时，依据有关法律法规或应急预案的相关规定，公开或在一定范围内发布相应级别的警报，并提出相关应急建议的行动。

5. 防灾

为了防止灾害的发生所采取的各项措施和部门间联运机制等的总称。

6. 救灾

在突发公共事件发生后，政府、社会组织及公民为救助生命、维持基本生存需要和保护财产等所采取的各种直接措施。

7. 紧急状态

应对特别重大突发公共事件过程中，采取常规措施无法有效控制和消除其严重危害时，有关国家机关按照法定权力和程序宣布在特定地域甚至全国采取临时性非常规措施、先例紧急立法权的一种严重危机状态。

8. 应急状态

为应对已经发生或者可能发生的突发公共事件，在某个地区或者全国范围内，政府组织社会各方力量在一段时间内依据有关法律法规和应急预案采取紧急措施所呈现的状态。

9. 事件前兆阶段

从预示突发公共事件可能发生的各种征兆开始出现到突发公共事件实际发生之前

的阶段。

10. 事件发生阶段

突发公共事件从发生到其危害和影响得到基本控制的阶段。

11. 事后阶段

从突发公共事件的危害和影响得到基本控制到生产、工作、生活社会秩序和生态环境等得到基本恢复的阶段。

12. 先期处置

突发公共事件发生后，在事发地第一时间内所采取的紧急措施。

13. 后期处置

突发公共事件的危害和影响得到基本控制后，为使生产、工作、生活、社会秩序和生态环境恢复正常状态所采取的一系列行动。

14. 应急保障

为保障应急处置的顺利进行而采取的各项保证措施，一般按功能分为人力、财力、物资、交通运输、医疗卫生、治安维护、人员防护、通信、公共设施、社会沟通、技术支撑以及其他保障。

15. 应急管理

政府、部门、单位等组织为有效地预防、预测突发公共事件的发生，最大限度减少其可能造成的损失或者负面影响，所进行的制定应急法律法规、应急预案以及建立健全应急体制和应急处置等方面工作的统称。

16. 应急体系

应对突发公共事件时的组织、制度、行为、资源等相关应急要素及要素间关系的总和，由预案应急体系、组织体系、运行机制、支持保障体系以及法律法规体系等组成（如下图所示）。

以下摘录为重要文献的有关解释：

国家安全生产应急救援指挥中心. 安全生产应急管理. 北京：煤炭工业出版社，2007.

事故灾难应急体系主要由组织体系、运行机制、支持保障系统以及法律法规体系等部分组成，其结构如下图所示。组织体系是事故灾难应急救援体系的基础，主要包括应急救援的领导与决策层、管理与协调指挥系统和应急救援队伍及力量。运行机制是事故灾难应急救援体系的重要保障。支持保障系统是安全生产应急救援体系的有机组成部分，是体系运转的物质条件和手段，主要包括通信信息系统、培训演练系统、技术支持保障系统、物资与装备保障系统等。法律法规体系是应急体系的法制基础和保障，也是开展各项应急活动的依据，与应急有关的法律法规主要包括由立法机关通过的法律、政府和有关部门颁布的规章规定，以及与应急救援活动直接有关的标准或管理办法等。同时应急救援体系还包括与其建设相关的资金支持、政策支持等，以保障应急救援体系建设和体系的正常运行。

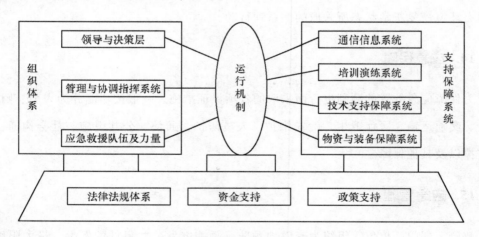

事故灾难应急体系结构示意图

17. 一案三制

（1）一案：突发事件应急预案。

（2）三制：应急管理的体制、机制和法制。

18. 应急预案

为有效预防和控制可能发生的事故，最大程度减少事故及其造成损害而预先制定的工作方案（GB/T 29639—2013《生产经营单位生产安全事故应急预案编制导则》）。

以下摘录为重要文献的有关解释：

《突发事件应急预案管理办法》（国办发〔2013〕101号）

应急预案是指各级人民政府及其部门、基层组织、企事业单位、社会团体等为依法、迅速、科学、有序应对突发事件，最大程度减少突发事件及其造成的损害而预先制定的工作方案。

19. 综合应急预案

综合应急预案是生产经营单位应急预案体系的总纲，主要从总体上阐述事故的应急工作原则，包括生产经营单位的应急组织机构及职责、应急预案体系、事故风险描述、预警及信息报告、应急响应、保障措施、应急预案管理等内容（GB/T 29639—2013《生产经营单位生产安全事故应急预案编制导则》）。

20. 专项应急预案

生产经营单位为应对某一类型或某几种类型事故，或者针对重要生产设施、重大危险源、重大活动等内容而制定的应急预案。专项应急预案主要包括事故风险分析、应急指挥机构及职责、处置程序和措施等内容（GB/T 29639—2013《生产经营单位生产安全事故应急预案编制导则》）。

21. 现场处置方案

生产经营单位根据不同事故类别，针对具体的场所、装置或设施所制定的应急处置措施，主要包括事故风险分析、应急工作职责、应急处置和注意事项等内容。生产经营单位应根据风险评估、岗位操作规程以及危险性控制措施，组织本单位现场作业人员及相关专业人员共同进行编制现场处置方案（GB/T 29639—2013《生产经营单位生产安全事故应急预案编制导则》）。

22. 部门预案

政府有关部门根据其职责分工为应对突发公共事件而制定的应急预案。部门预案分为总体应急预案和专项应急预案。

23. 单项预案

国家或者某个地区、部门、单位，针对某个具体活动或者项目，为应对其实施中可能发生的突发公共事件而制定的应急预案，如重大活动应急预案，应急演练应急预案等。

24. 应急操作手册

为便于应急响应人员掌握和快速查阅有关职责、程序、规程、通信方式以及人力资源等关键内容而编写的简明文本。

25. 应急准备

针对可能发生的事故，为迅速、科学、有序地开展应急行动而预先进行的思想准备、组织准备和物资准备（GB/T 29639—2013《生产经营单位生产安全事故应急预案编制导则》）。

26. 应急响应

针对发生的事故，有关组织或人员采取的应急行动（GB/T 29639—2013《生产经营单位生产安全事故应急预案编制导则》）。

以下摘录为各重要文献的有关解释：

（1）编委会．中国电力百科全书·核能及新能源发电卷．北京：中国电力出版社，2001.

应急响应即事故对策与应急，即事故发生时采用事故处理规程，及时采取措施，防止事故的发生和扩大。

（2）国家环境保护总局环境监察局．环境应急响应实用手册．北京：中国环境科学出版社，2007.

根据突发环境污染事件严重性、紧急程度和可能波及的范围，对突发环境污染事件所采取的相关行动，包括预警、启动应急预案、成立应急指挥部以及信息通报和发布等。

27. 应急救援

在应急响应过程中，为最大限度地降低事故造成的损失或危害，防止事故扩大，而采取的紧急措施或行动（GB/T 29639—2013《生产经营单位生产安全事故应急预案编制导则》）。

28. 应急演练

针对可能发生的事故情景，依据应急预案而模拟开展的应急活动（GB/T 29639—2013《生产经营单位生产安全事故应急预案编制导则》）。

以下摘录为重要文献的有关解释：
国务院《突发事件应急演练指南》
应急演练是指各级人民政府及其部门、企事业单位、社会团体等组织相关单位及人员，依据有关应急预案，模拟应对突发事件的活动。

29. 桌面演练

参演人员利用地图、沙盘、流程图、计算机模拟、视频会议等辅助手段，针对事先假定的演练情景，讨论和推演应急决策及现场处置的过程，从而促进相关人员掌握应急预案中所规定的职责和程序，提高指挥决策和协同配合能力（国务院《突发事件应急演练指南》）。

30. 实战演练

参演人员利用应急处置涉及的设备和物资，针对事先设置的突发事件情景及其后续的发展情景，通过实际决策、行动和操作，完成真实应急响应的过程，从而检验和提高相关人员的临场组织指挥、队伍调动、应急处置技能和后勤保障等应急能力（国务院《突发事件应急演练指南》）。

实战演练通常要在特定场所完成。

31. 单项演练

涉及应急预案中特定应急响应功能或现场处置方案中一系列应急响应功能的演练活动（国务院《突发事件应急演练指南》）。

32. 综合演练

涉及应急预案中多项或全部应急响应功能的演练活动，注重对多个环节和功能进行检验，特别是对不同单位之间应急机制和联合应对能力的检验（国务院《突发事件应急演练指南》）。

33. 检验性演练

为检验应急预案的可行性、应急准备的充分性、应急机制的协调性及相关人员的应急处置能力而组织的演练（国务院《突发事件应急演练指南》）。

34. 示范性演练

为向观摩人员展示应急能力或提供示范教学，严格按照应急预案规定开展的表演性演练（国务院《突发事件应急演练指南》）。

35. 研究性演练

为研究和解决突发事件应急处置的、难点问题，试验新方案、新技术、新装备而组织的演练（国务院《突发事件应急演练指南》）。

36. 全面演练

针对应急预案中全部或大部分应急响应功能，检验、评价应急组织应急运行能力的演练活动（国务院《突发事件应急演练指南》）。

全面演练一般要求持续几个小时，采取交互式进行，演练过程要求尽量真实，调用更多的应急人员和资源，并开展人员、设备及其他资源的实战性演练，以检验相互协调的应急响应能力。与功能演练类似，演练完成后，除采取口头评论、书面汇报外，还应提交正式的书面报告。

37. 双盲演练

在事前不通知参演单位演练时间、地点和演练内容的应急演练。

双盲演练重点检验：各级各部门信息沟通、传递是否畅顺；各级人员对预案的熟悉程度以及预案的可操作性；在突发事件发生后各级各部门的职责定位是否明确；应急指挥是否科学、应急处置是否得当。

38. 演练情景

根据应急演练的目标要求，按照事故发生与演变的规律，事先假设的事故发生发展过程，描述事故发生的时间、地点、状态特征、波及范围、周边环境、可能的后果以及随时间的演变进程等内容（AQ/T 9009—2015《生产安全事故应急演练评估规范》)。

39. 应急能力

政府、社会和企业应急管理体系中所有要素和应急行为主体有机组合的总体能力，主要表现为应急工作的协调、整合能力。

以下摘录为各重要文献的有关解释：

(1)《北京市安全风险管理实施办法（试行)》（京安发〔2017〕6 号)

生产安全事故应急能力是指履行应急管理职责、执行应急救援任务、实现应急管理目标等应急管理活动必须具备的能力。

(2) 应急救援系列丛书编委会. 应急救援基础知识. 北京：中国石化出版社，2008.

应急能力是指以应急救援预案要求为总要求，相应成立的组织机构、专业队伍，配备的相应人员、物资、装备等，满足实际应急救援需要的能力。

(3) North Carolina Division of Emergency Management. Local Hazard Mitigation Planning Manual，1998：28—32.

应急能力是地方政府为实现减轻灾害的目标而采取措施的能力，包括法制能力、制度能力、行政能力、财政能力和技术能力等 5 个方面。

(4) Department of Homeland Security. Interim National Preparedness Goal：

Homeland Security Presidential Directive 8：National Preparedness. Washington，DC，2005.

应急能力是基于风险，有效对突发事件进行预防、保护、准备、响应和恢复所需的各种能力组合，应急能力包括人员、规划、组织机构和领导、设备设施、培训和演练、评估和纠正行动等要素。

（5）U. S. Department of Transportation. Emergency Response Guidebook，1990.

应急能力是政府和企业应急管理体系中所有要素和应急行为主体有机组合的总体能力，主要表现为应急救援工作的协调、整合能力。

40. 应急能力评估

对某一地区、部门或者单位以及其他组织应对可能发生突发公共事件的综合能力的评估。应急能力评估内容包括预测与预警能力、社会控制效能、行为反应能力、工程防御能力、灾害救援能力和资源保障能力等。

41. 应急后评估

在突发公共事件应急工作结束后，为了完善应急预案、提高应急能力，对各阶段应急工作进行的总结和评估。

42. 应急终止

在应急响应过程中，经应急指挥部确认，保护措施得到有效实施，相关人员和事件得到控制和处置，可以恢复正常状态，则应急终止。

以下摘录为重要文献的有关解释：

国家环境保护总局环境监察局. 环境应急响应实用手册. 北京：中国环境科学出版社，2007.

凡符合下列条件之一的，即满足应急终止条件：

（1）事件现场得到控制，事件条件已经清除。

（2）污染源的泄漏或释放已降至规定限值以内，且事件所造成的危害已经被清除，无继发可能。

（3）事件现场的各种专业应急处置行动已无继续的必要。

（4）采取了必要的措施以保护公众免受再次危害，并使条件可能引起的中长期影响趋于合理且尽量低的水平。

43. 恢复

事故的影响得到初步控制后，为使生产、工作、生活和生态环境尽快恢复至正常状态而采取的措施或行动。

44. 突发事件分级

《中华人民共和国突发事件应对法》规定，各类突发公共事件按照其性质、严重程度、可控性和影响范围等因素，一般分为四级：Ⅰ级（特别重大）、Ⅱ级（重大）、Ⅲ级（较大）和Ⅳ级（一般）。

45. 生产安全事故等级

包括特别重大事故、重大事故、较大事故和一般事故。

《生产安全事故报告和调查处理条例》（国务院令第 493 号）规定，根据生产安全事故（以下简称事故）造成的人员伤亡或者直接经济损失，事故一般分为以下等级：

（1）特别重大事故，是指造成 30 人以上死亡，或者 100 人以上重伤（包括急性工业中毒，下同），或者 1 亿元以上直接经济损失的事故。

（2）重大事故，是指造成 10 人以上 30 人以下死亡，或者 50 人以上 100 人以下重伤，或者 5 000 万元以上 1 亿元以下直接经济损失的事故。

（3）较大事故，是指造成 3 人以上 10 人以下死亡，或者 10 人以上 50 人以下重伤，或者 1 000 万元以上 5 000 万元以下直接经济损失的事故。

（4）一般事故，是指造成 3 人以下死亡，或者 10 人以下重伤，或者 1 000 万元以下直接经济损失的事故。

国务院安全生产监督管理部门可以会同国务院有关部门，制定事故等级划分的补充性规定。

注：上述所称的"以上"包括本数，"以下"不包括本数。

46. 生产安全较大以上事故和较大涉险事故

包括特别重大事故、重大事故、较大事故、较大涉险事故、社会影响较大的职业危害事故、新闻媒体披露和群众举报的较大以上事故及涉险事故以及社会影响重大的其他事故。

《安全监管总局机关生产安全较大以上事故和较大涉险事故信息处置办法》（安监总厅统计〔2009〕119号）规定，生产安全较大以上事故和较大涉险事故包括：

（1）特别重大事故

1）造成30人以上死亡的事故。

2）造成100人以上重伤（包括急性工业中毒，下同）的事故。

3）造成1亿元以上直接经济损失的事故。

（2）重大事故

1）造成10人以上30人以下死亡的事故。

2）造成50人以上100人以下重伤的事故。

3）造成5 000万元以上1亿元以下直接经济损失的事故。

（3）较大事故

1）造成3人以上10人以下死亡的事故。

2）造成10人以上50人以下重伤的事故。

3）造成1 000万元以上5 000万元以下直接经济损失的事故。

（4）较大涉险事故

1）涉险10人以上的事故。

2）造成3人以上被困或下落不明的事故。

3）紧急疏散人员500人以上和住院观察10人以上的事故。

4）因生产安全事故对环境造成严重污染（人员密集场所、生活水源、农田、河流、水库、湖泊等）的事故。

5）危及重要场所和设施安全（电站、重要水利设施、危化品库、油气站和车站、码头、港口、机场及其他人员密集场所等）的事故。

6）其他较大涉险事故。

（5）社会影响较大的职业危害事故。

（6）新闻媒体披露和群众举报的较大以上事故及涉险事故。

（7）社会影响重大的其他事故。

注：上述所称的"以上"包括本数，"以下"不包括本数。

47. 火灾等级

分为特别重大火灾、重大火灾、较大火灾和一般火灾 4 个等级。

公安部办公厅 2007 年 6 月 26 日印发《关于调整火灾等级标准的通知》（公消〔2007〕245 号），依据《生产安全事故报告和调查处理条例》（国务院令 493 号，2007），将火灾等级增加为 4 个等级，由原来的特大火灾、重大火灾、一般火灾 3 个等级调整为特别重大火灾、重大火灾、较大火灾和一般火灾 4 个等级：

（1）特别重大火灾是指造成 30 人以上死亡，或者 100 人以上重伤，或者 1 亿元以上直接财产损失的火灾。

（2）重大火灾是指造成 10 人以上 30 人以下死亡，或者 50 人以上 100 人以下重伤，或者 5 000 万元以上 1 亿元以下直接财产损失的火灾。

（3）较大火灾是指造成 3 人以上 10 人以下死亡，或者 10 人以上 50 人以下重伤，或者 1 000 万元以上 5 000 万元以下直接财产损失的火灾。

（4）一般火灾是指造成 3 人以下死亡，或者 10 人以下重伤，或者 1 000 万元以下直接财产损失的火灾。

注：上述所称的"以上"包括本数，"以下"不包括本数。

48. 火灾事故调查分级

《火灾事故调查规定》（公安部令第 121 号，2012 修订）火灾事故调查由火灾发生地公安机关消防机构按照下列分工进行：

（1）一次火灾死亡 10 人以上的，重伤 20 人以上或者死亡、重伤 20 人以上的，受灾 50 户以上的，由省、自治区人民政府公安机关消防机构负责组织调查。

（2）一次火灾死亡 1 人以上的，重伤 10 人以上的，受灾 30 户以上的，由设区的市或者相当于同级的人民政府公安机关消防机构负责组织调查。

（3）一次火灾重伤 10 人以下或者受灾 30 户以下的，由县级人民政府公安机关消防机构负责调查。

直辖市人民政府公安机关消防机构负责组织调查一次火灾死亡 3 人以上的，重伤 20 人以上或者死亡、重伤 20 人以上的，受灾 50 户以上的火灾事故，直辖市的区、县级人民政府公安机关消防机构负责调查其他火灾事故。

仅有财产损失的火灾事故调查，由省级人民政府公安机关结合本地实际做出管辖规定，报公安部备案。

49. 大面积停电事件分级

分为Ⅰ级停电事件和Ⅱ级停电事件。

2015年11月13日，国务院办公厅印发的《国家处置电网大面积停电事件应急预案》（国办函〔2015〕134号）规定：按照电网停电范围和事故严重程度，将大面积停电分为Ⅰ级停电事件和Ⅱ级停电事件两个状态等级。

（1）Ⅰ级停电事件。发生下列情况之一，电网进入Ⅰ级停电事件状态：

1）因电力生产发生重特大事故，引起连锁反应，造成区域电网大面积停电，减供负荷达到事故前总负荷的30％以上。

2）因电力生产发生重特大事故，引起连锁反应，造成重要政治、经济中心城市减供负荷达到事故前总负荷的50％以上。

3）因严重自然灾害引起电力设施大范围破坏，造成省电网大面积停电，减供负荷达到事故前总负荷的40％以上，并且造成重要发电厂停电、重要输变电设备受损，对区域电网、跨区电网安全稳定运行构成严重威胁。

4）因发电燃料供应短缺等各类原因引起电力供应严重危机，造成省电网60％以上容量机组非计划停机，省电网拉限负荷达到正常值的50％以上，并且对区域电网、跨区电网正常电力供应构成严重影响。

5）因重要发电厂、重要变电站、重要输变电设备遭受毁灭性破坏或打击，造成区域电网大面积停电，减供负荷达到事故前总负荷的20％以上，对区域电网、跨区电网安全稳定运行构成严重威胁。

（2）Ⅱ级停电事件。发生下列情况之一，电网进入Ⅱ级停电事件状态：

1）因电力生产发生重特大事故，造成区域电网减供负荷达到事故前总负荷的10％以上30％以下。

2）因电力生产发生重特大事故，造成重要政治、经济中心城市减供负荷达到事故前总负荷的20％以上50％以下。

3）因严重自然灾害引起电力设施大范围破坏，造成省电网减供负荷达到事故前总负荷的20％以上40％以下。

4）因发电燃料供应短缺等各类原因引起电力供应危机，造成省电网 40％以上 60％以下容量机组非计划停机。

50. 铁路交通事故等级

分为特别重大事故、重大事故、较大事故和一般事故。

2013 年 1 月 1 日起修订实施的《铁路交通事故应急救援和调查处理条例》（国务院令第 628 号）规定：

根据事故造成的人员伤亡、直接经济损失、列车脱轨辆数、中断铁路行车时间等情形，事故等级分为特别重大事故、重大事故、较大事故和一般事故。

（1）有下列情形之一的，为特别重大事故：

1）造成 30 人以上死亡，或者 100 人以上重伤（包括急性工业中毒，下同），或者 1 亿元以上直接经济损失的。

2）繁忙干线客运列车脱轨 18 辆以上并中断铁路行车 48 h 以上的。

3）繁忙干线货运列车脱轨 60 辆以上并中断铁路行车 48 h 以上的。

（2）有下列情形之一的，为重大事故：

1）造成 10 人以上 30 人以下死亡，或者 50 人以上 100 人以下重伤，或者 5 000 万元以上 1 亿元以下直接经济损失的。

2）客运列车脱轨 18 辆以上的。

3）货运列车脱轨 60 辆以上的。

4）客运列车脱轨 2 辆以上 18 辆以下，并中断繁忙干线铁路行车 24 h 以上或者中断其他线路铁路行车 48 h 以上的。

5）货运列车脱轨 6 辆以上 60 辆以下，并中断繁忙干线铁路行车 24 h 以上或者中断其他线路铁路行车 48 h 以上的。

（3）有下列情形之一的，为较大事故：

1）造成 3 人以上 10 人以下死亡，或者 10 人以上 50 人以下重伤，或者 1 000 万元以上 5 000 万元以下直接经济损失的。

2）客运列车脱轨 2 辆以上 18 辆以下的。

3）货运列车脱轨 6 辆以上 60 辆以下的。

4）中断繁忙干线铁路行车 6 h 以上的。

5）中断其他线路铁路行车 10 h 以上的。

（4）造成 3 人以下死亡，或者 10 人以下重伤，或者 1 000 万元以下直接经济损失的，为一般事故。

除前款规定外，国务院铁路主管部门可以对一般事故的其他情形做出补充规定。

注：上述所称的"以上"包括本数，"以下"不包括本数。

51. 预警分级

依据突发公共事件可能造成的危害程度、紧急程度和发展势态，一般划分为四级：Ⅰ级（特别严重）、Ⅱ级（严重）、Ⅲ级（较重）和Ⅳ级（一般），依次用红色、橙色、黄色和蓝色表示（2005 年 1 月国务院发布的《国家突发公共事件总体应急预案》）。

以下摘录为各重要文献的有关解释：

（1）《中华人民共和国突发事件应对法》

对于可以预警的自然灾害、事故灾难和公共卫生事件的预警级别，按照突发事件发生的紧急程度、发展势态和可能造成的危害程度分为一级、二级、三级和四级，分别用红色、橙色、黄色和蓝色标示，一级为最高级别。

（2）国家环境保护总局环境监察局. 环境应急响应实用手册. 北京：中国环境科学出版社，2007.

根据突发环境污染事件严重性、紧急程度和可能波及的范围，对突发环境污染事件的预警分成四级：特别重大（Ⅰ级）、重大（Ⅱ级）、较大（Ⅲ级）、一般（Ⅳ级），依次用红色、橙色、黄色、蓝色表示。根据事态的发展情况和采取措施的效果，预警级别可以升级、降级和解除。蓝色预警由县级人民政府发布，黄色预警由市（地）级人民政府发布，橙色预警由省级人民政府发布，红色预警由事发地省级人民政府根据国务院授权发布。

52. 响应分级

针对事故危害程度、影响范围和单位控制事态的能力，对事故应急响应行动事先规定的等级。事故态势越严重，响应级别越高。

53. 生产安全事故应急响应分级

按照生产安全事故灾难的可控性、严重程度和影响范围，应急响应级别原则上分为Ⅰ、Ⅱ、Ⅲ、Ⅳ级响应，Ⅰ级为最高级。

（1）特别重大安全生产事故（Ⅰ级应急响应）包括：

1）造成30人以上死亡（含失踪），或者危及30人以上生命安全，或者100人以上中毒（重伤），或者直接经济损失1亿元以上的特别重大安全生产事故灾难。

2）需要紧急转移安置10万人以上的安全生产事故灾难。

3）超出省政府应急处置能力的安全生产事故灾难。

4）跨省级行政区、跨领域（行业和部门）的安全生产事故灾难。

5）国务院认为需要国务院安委会响应的安全生产事故灾难。

（2）重大安全生产事故（Ⅱ级应急响应）包括：

1）造成10人以上30人以下死亡（含失踪），或者危及10人以上30人以下生命安全，或者50人以上100人以下中毒（重伤），或者直接经济损失5 000万元以上1亿元以下的重大安全生产事故灾难。

2）超出市政府应急处置能力的安全生产事故灾难。

3）跨市辖区的安全生产事故灾难。

4）省政府认为有必要响应的安全生产事故灾难。

（3）较大安全生产事故（Ⅲ级应急响应）包括：

1）造成3人以上10人以下死亡（含失踪），或者危及3人以上10人以下生命安全，或者10人以上50人以下重伤，或者直接经济损失1 000万元以上5 000万元以下的较大安全生产事故灾难。

2）需要紧急转移安置1万人以上5万人以下的安全生产事故灾难。

3）超出县（区）政府应急处置能力的安全生产事故灾难。

4）发生跨县（区）的安全生产事故灾难。

5）市人民政府认为有必要响应的安全生产事故灾难。

（4）一般安全生产事故（Ⅳ级应急响应）包括：

1）造成3人以下死亡，或者危及3人以下生命安全，或者10人以下重伤，或者直接经济损失1 000万元以下的一般安全生产事故灾难。

2）需要紧急转移安置5 000人以上1万人以下的安全生产事故灾难。

3）县（区）政府认为有必要响应的安全生产事故灾难。

54. 冶金事故应急响应分级

分为Ⅰ级（特别重大事故）响应、Ⅱ级（重大事故）响应、Ⅲ级（较大事故）响应、Ⅳ级（一般事故）响应。

国家安全生产监督管理总局印发的《冶金事故灾难应急预案》（安监总应急〔2006〕229号）规定：按照事故灾难的可控性、严重程度和影响范围，将冶金企业事故应急响应级别分为Ⅰ级（特别重大事故）响应、Ⅱ级（重大事故）响应、Ⅲ级（较大事故）响应、Ⅳ级（一般事故）响应。

（1）出现下列情况时为Ⅰ级响应：冶金生产过程中发生的高炉垮塌、煤粉爆炸、煤气火灾、爆炸或有毒气体中毒、氧气火灾事故，已经严重危及周边社区、居民的生命财产安全，造成30人以上死亡，或危及30人以上生命安全，或造成100人以上中毒，或疏散转移10万人以上，或造成1亿元（含1亿元）以上直接经济损失，或社会影响特别严重，或事故事态发展严重，亟待外部力量应急救援等。

（2）出现下列情况时为Ⅱ级响应：冶金生产过程中发生的高炉垮塌、煤粉爆炸事故、煤气火灾、爆炸或有毒气体中毒、氧气火灾事故，已经危及周边社区、居民的生命财产安全，造成10～29人死亡，或危及10～29人生命安全，或造成50～100人中毒，或造成5 000万元～10 000万元直接经济损失，或重大社会影响等。

（3）出现下列情况时为Ⅲ级响应：冶金生产过程中发生的高炉垮塌、煤粉爆炸事故、煤气火灾、爆炸或有毒气体中毒事故、氧气火灾事故，已经危及周边社区、居民的生命财产安全，造成3～9人死亡，或危及3～9人生命安全，或造成30～50人中毒，或直接经济损失较大，或较大社会影响等。

（4）出现下列情况时为Ⅳ级响应：冶金生产过程中发生的高炉垮塌、煤粉爆炸、煤气火灾、爆炸或有毒气体中毒、氧气火灾事故，已经危及周边社区、居民的生命财产安全，造成3人以下死亡，或危及3人以下生命安全，或造成30人以下中毒，或具有一定社会影响等。

55. 危险化学品事故应急响应分级

分为Ⅰ级（特别重大事故）响应、Ⅱ级（重大事故）响应、Ⅲ级（较大事故）响应、Ⅳ级（一般事故）响应。

国家安全生产监督管理总局印发的《危险化学品事故灾难应急预案》（安监总应急〔2006〕229 号）规定：按照事故灾难的可控性、严重程度和影响范围，将危险化学品事故应急响应级别分为Ⅰ级（特别重大事故）响应、Ⅱ级（重大事故）响应、Ⅲ级（较大事故）响应、Ⅳ级（一般事故）响应。

（1）出现下列情况时启动Ⅰ级响应：在化学品生产、经营、储存、运输、使用和废弃危险化学品处置等过程发生的火灾事故，爆炸事故，易燃、易爆或有毒物质泄漏事故，已经严重危及周边社区、居民的生命财产安全，造成或可能造成 30 人以上死亡、或 100 人以上中毒、或疏散转移 10 万人以上、或 1 亿元以上直接经济损失、或特别重大社会影响，事故事态发展严重，且亟待外部力量应急救援等。

（2）出现下列情况时启动Ⅱ级响应：在化学品生产、经营、储存、运输、使用和废弃危险化学品处置等过程发生的火灾事故，爆炸事故，易燃、易爆或有毒物质泄漏事故，已经危及周边社区、居民的生命财产安全，造成或可能造成 10～29 人死亡、或 50～100 人中毒、或 5 000 万元～10 000 万元直接经济损失、或重大社会影响等。

（3）出现下列情况时启动Ⅲ级响应：在化学品生产、经营、储存、运输、使用和废弃危险化学品处置等过程发生的火灾事故，爆炸事故，易燃、易爆或有毒物质泄漏事故，已经危及周边社区、居民的生命财产安全，造成或可能造成 3～9 人死亡、或 30～50 人中毒、或直接经济损失较大、或较大社会影响等。

（4）出现下列情况时启动Ⅳ级响应：在化学品生产、经营、储存、运输、使用和废弃危险化学品处置等过程发生的火灾事故，爆炸事故，易燃、易爆或有毒物质泄漏事故，已经危及周边社区、居民的生命财产安全，造成或可能造成 3 人以下死亡、或 30 人以下中毒、或一定社会影响等。

56. 矿山事故应急响应分级

分为Ⅰ级（特别重大事故）响应、Ⅱ级（重大事故）响应、Ⅲ级（较大事故）响应、Ⅳ级（一般事故）响应。

国家安全生产监督管理总局印发的《矿山事故灾难应急预案》（安监总应急〔2006〕229 号）规定：按照事故灾难的可控性、严重程度和影响范围，将矿山事故应急响应级别分为Ⅰ级（特别重大事故）响应、Ⅱ级（重大事故）响应、Ⅲ级（较大事故）响应、Ⅳ级（一般事故）响应。

（1）出现下列情况时启动Ⅰ级响应：造成或可能造成30人以上死亡，或造成100人以上中毒、重伤，或造成1亿元以上直接经济损失，或特别重大社会影响等。

（2）出现下列情况时启动Ⅱ级响应：造成或可能造成10～29人死亡，或造成50～100人中毒、重伤，或造成5 000万元～10 000万元直接经济损失，或重大社会影响等。

（3）出现下列情况时启动Ⅲ级响应：造成或可能造成3～9人死亡，或造成30～50人中毒、重伤，或直接经济损失较大、或较大社会影响等。

（4）出现下列情况时启动Ⅳ级响应：造成或可能造成1～3人死亡，或造成30人以下中毒、重伤，或一定社会影响等。

57. 陆上石油天然气储运事故响应分级

分为Ⅰ级（特别重大事故）响应、Ⅱ级（重大事故）响应、Ⅲ级（较大事故）响应、Ⅳ级（一般事故）响应。

国家安全生产监督管理总局印发的《陆上石油天然气储运事故灾难应急预案》（安监总应急〔2006〕229号）规定：按照事故灾难的可控性、严重程度和影响范围，将陆上石油天然气储运事故应急响应级别分为Ⅰ级（特别重大事故）响应、Ⅱ级（重大事故）响应、Ⅲ级（较大事故）响应、Ⅳ级（一般事故）响应。

（1）出现下列情况时启动Ⅰ级响应：陆上石油天然气储运设施发生特别重大油气泄漏、火灾、爆炸、中毒事故，已经严重危及周边社区、居民的生命财产安全，造成或可能造成30人以上死亡、或100人以上中毒、或疏散转移10万人以上、或1亿元以上直接经济损失、或特别重大社会影响，事故事态发展严重，且亟待外部力量应急救援等。

（2）出现下列情况时启动Ⅱ级响应：陆上石油天然气储运设施发生重大油气泄漏、火灾、爆炸、中毒事故，已经危及周边社区、居民的生命财产安全，造成或可能造成10～29人死亡、或50～100人中毒、或5 000万元～10 000万元直接经济损失、或重大社会影响等。

（3）出现下列情况时启动Ⅲ级响应：陆上石油天然气储运设施发生较大油气泄漏、火灾、爆炸、中毒事故，已经危及周边社区、居民的生命财产安全，造成或可能造成3～9人死亡、或30～50人中毒、或直接经济损失较大、或较大社会影响等。

（4）出现下列情况时启动Ⅳ级响应：陆上石油天然气储运设施发生油气泄漏、火灾、爆炸、中毒事故，已经危及周边社区、居民的生命财产安全，造成或可能造成3

人以下死亡、或 30 人以下中毒、或一定社会影响等。

58. 突发环境事件分级

分为特别重大环境事件（Ⅰ级）、重大环境事件（Ⅱ级）、较大环境事件（Ⅲ级）和一般环境事件（Ⅳ级）四级。

《国家突发环境事件应急预案》（国办函〔2014〕119 号）规定：按照突发事件严重性和紧急程度，突发环境事件分为特别重大环境事件（Ⅰ级）、重大环境事件（Ⅱ级）、较大环境事件（Ⅲ级）和一般环境事件（Ⅳ级）四级。

（1）特别重大环境事件（Ⅰ级）包括：

1）发生 30 人以上死亡，或中毒（重伤）100 人以上。

2）因环境事件需疏散、转移群众 5 万人以上，或直接经济损失 1 000 万元以上。

3）区域生态功能严重丧失或濒危物种生存环境遭到严重污染。

4）因环境污染使当地正常的经济、社会活动受到严重影响。

5）利用放射性物质进行人为破坏事件，或 1、2 类放射源失控造成大范围严重辐射污染后果。

6）因环境污染造成重要城市主要水源地取水中断的污染事故。

7）因危险化学品（含剧毒品）生产和储运中发生泄漏，严重影响人民群众生产、生活的污染事故。

（2）重大环境事件（Ⅱ级）包括：

1）发生 10 人以上、30 人以下死亡，或中毒（重伤）50 人以上、100 人以下。

2）区域生态功能部分丧失或濒危物种生存环境受到污染。

3）因环境污染使当地经济、社会活动受到较大影响，疏散转移群众 1 万人以上、5 万人以下的。

4）1、2 类放射源丢失、被盗或失控。

5）因环境污染造成重要河流、湖泊、水库及沿海水域大面积污染，或县级以上城镇水源地取水中断的污染事件。

（3）较大环境事件（Ⅲ级）包括：

1）发生 3 人以上、10 人以下死亡，或中毒（重伤）50 人以下。

2）因环境污染造成跨地级行政区域纠纷，使当地经济、社会活动受到影响。

3）3 类放射源丢失、被盗或失控。

（4）一般环境事件（Ⅳ级）包括：

1）发生 3 人以下死亡。

2）因环境污染造成跨县级行政区域纠纷，引起一般群体性影响的。

3）4、5 类放射源丢失、被盗或失控。

59. 特种设备安全事故应急响应分级

分为Ⅰ级应急响应（特别重大事故）、Ⅱ级应急响应（重大事故）、Ⅲ级应急响应（较大事故）、Ⅳ级应急响应（一般事故），Ⅰ级为最高级。

按照特种设备安全事故突发事件的危害程度、影响范围等因素，应急响应级别原则上分为Ⅰ、Ⅱ、Ⅲ、Ⅳ级响应。

（1）Ⅰ级应急响应（特别重大事故）包括：

1）特种设备事故造成 30 人以上死亡，或者 100 人以上重伤（包括急性工业中毒，下同），或者 1 亿元以上直接经济损失的。

2）600 兆瓦以上锅炉爆炸的。

3）压力容器、压力管道有毒介质泄漏，造成 15 万人以上转移的。

4）客运索道、大型游乐设施高空滞留 100 人以上，并且时间在 48 h 以上的。

（2）Ⅱ级应急响应（重大事故）包括：

1）特种设备事故造成 10 人以上 30 人以下死亡，或者 50 人以上 100 人以下重伤，或者 5 000 万元以上 1 亿元以下直接经济损失的。

2）600 兆瓦以上锅炉因安全故障中断运行 240 h 以上的。

3）压力容器、压力管道有毒介质泄漏，造成 5 万人以上 15 万人以下转移的。

4）客运索道、大型游乐设施高空滞留 100 人以上，并且时间在 24 h 以上 48 h 以下的。

（3）Ⅲ级应急响应（较大事故）包括：

1）特种设备事故造成 3 人以上 10 人以下死亡，或者 10 人以上 50 人以下重伤，或者 1 000 万元以上 5 000 万元以下直接经济损失的。

2）锅炉、压力容器、压力管道爆炸的。

3）压力容器、压力管道有毒介质泄漏，造成 1 万人以上 5 万人以下转移的。

4）起重机械整体倾覆的。

5）客运索道、大型游乐设施高空滞留人员 12 h 以上的。

（4）Ⅳ级应急响应（一般事故）包括：

1）特种设备事故造成 3 人以下死亡，或者 10 人以下重伤，或者 1 万元以上 1 000 万元以下直接经济损失的。

2）压力容器、压力管道有毒介质泄漏，造成 500 人以上 1 万人以下转移的。

3）电梯轿厢滞留人员 2 h 以上的。

4）起重机械主要受力结构件折断或者起升机构坠落的。

5）客运索道高空滞留人员 3.5 h 以上 12 h 以下的。

6）大型游乐设施高空滞留人员 1 h 以上 12 h 以下的。

60. 特种设备特大事故

根据国家质量监督检验检疫总局印发的《特种设备特大事故应急预案》（国质检特〔2005〕206 号）规定，特种设备特大事故是指具备下列条件之一的特种设备事故。

（1）发生死亡 30 人以上，或危及 50 人以上生命安全。

（2）发生或可能发生受伤 100 人以上。

（3）发生或可能发生直接经济损失 1 亿元以上。

（4）发生或可能发生紧急疏散 10 万人以上。

（5）造成严重社会影响。

61. 地铁（含轻轨）事故Ⅰ级响应条件

根据 2006 年 1 月国务院下发的《国家处置城市地铁事故灾难应急预案》规定：地铁（包括轻轨）发生的特别重大事故灾难，致使人民群众生命财产和地铁的正常运营受到严重威胁，具备下列条件之一的，具备Ⅰ级响应条件：

（1）造成 30 人以上死亡（含失踪），或危及 30 人以上生命安全，或者 100 人以上中毒（重伤），或者直接经济损失 1 亿元以上。

（2）需要紧急转移安置 10 万人以上。

（3）超出省级人民政府应急处置能力。

（4）跨省级行政区、跨领域（行业和部门）。

（5）国务院认为需要国务院或建设部响应。

62. 民用航空器飞行事故应急响应分级

分为Ⅰ级、Ⅱ级、Ⅲ级、Ⅳ级应急响应，Ⅰ级为最高级。

根据 2006 年 1 月国务院下发的《国家处置民用航空器飞行事故应急预案》规定，按民用航空器飞行事故的可控性、严重程度和影响范围，应急响应分为 4 个等级。

（1）Ⅰ级应急响应。凡属下列情况之一者为Ⅰ级应急响应：

1）民用航空器特别重大飞行事故。

2）民用航空器执行专机任务发生飞行事故。

3）民用航空器飞行事故死亡人员中有国际、国内重要旅客。

4）军用航空器与民用航空器发生空中相撞。

5）外国民用航空器在中华人民共和国境内发生飞行事故，并造成人员死亡。

6）由中国运营人使用的民用航空器在中华人民共和国境外发生飞行事故，并造成人员死亡。

7）民用航空器发生爆炸、空中解体、坠机等，造成重要地面设施巨大损失，并对设施使用、环境保护、公众安全、社会稳定等造成巨大影响。

（2）Ⅱ级应急响应。凡属下列情况之一者为Ⅱ级应急响应：

1）民用航空器发生重大飞行事故。

2）民用航空器在运行过程中发生严重的不正常紧急事件，可能导致重大以上飞行事故发生，或可能对重要地面设施、环境保护、公众安全、社会稳定等造成重大影响或损失。

（3）Ⅲ级应急响应。凡属下列情况之一者为Ⅲ级应急响应：

1）民用航空器发生较大飞行事故。

2）民用航空器在运行过程中发生严重的不正常紧急事件，可能导致较大以上飞行事故发生，或可能对地面设施、环境保护、公众安全、社会稳定等造成较大影响或损失。

（4）Ⅳ级应急响应。凡属下列情况之一者为Ⅳ级应急响应：

1）民用航空器发生一般飞行事故。

2）民用航空器在运行过程中发生严重的不正常紧急事件，可能导致一般以上飞行事故发生，或可能对地面设施、环境保护、公众安全、社会稳定等造成一定影响或损失。

63. 事故调查处理原则

（1）坚持实事求是、尊重科学的原则。

（2）及时、准确地查清事故经过、事故原因和事故损失。

（3）查明事故性质，认定事故责任。

（4）总结事故教训，提出整改措施。

（5）对事故责任者依法追究责任。

64. 四不放过原则

（1）事故原因未查清不放过。

（2）事故责任人未受到处理不放过。

（3）事故责任人和广大群众没有受到教育不放过。

（4）事故制定的整改措施未落实不放过。

65. 直接经济损失

因事故造成人身伤亡及善后处理支出的费用和毁坏财产的价值（GB 6721—1986《企业职工伤亡事故经济损失统计标准》）。

直接经济损失统计范围如下：

（1）人身伤亡后所支出的费用

1）医疗费用（含护理费用）。

2）丧葬及抚恤费用。

3）补助及救济费用。

4）歇工工资。

（2）伤害处理费用

1）处理事故的事务性费用。

2）现场抢救费用。

3）清理现场费用。

4）事故罚款和赔偿费用。

（3）财产损失价值

1) 固定资产损失价值。

2) 流动资产损失价值。

66. 间接经济损失

因事故导致产值减少、资源破坏和受事故影响而造成其他损失的价值（GB 6721—1986《企业职工伤亡事故经济损失统计标准》）。

间接经济损失统计范围如下：

(1) 停产、减产损失价值。

(2) 工作损失价值。

(3) 资源损失价值。

(4) 处理环境污染的费用。

(5) 补充新职工的培训费用。

(6) 其他损失费用。

67. 事故报告内容

(1) 事故发生单位概况。

(2) 事故发生的时间、地点以及事故现场情况。

(3) 事故的简要经过。

(4) 事故已经造成或者可能造成的伤亡人数（包括下落不明的人数）和初步估计的直接经济损失。

(5) 已经采取的措施。

(6) 其他应当报告的情况。

(7) 事故报告后出现新情况的，还应当及时补报。

68. 井下四项应急基本知识

(1) 熟悉所在矿井的灾害预防与处理计划和应急预案。

(2) 熟悉矿井及采区的避灾路线和安全出口。

(3) 熟练掌握避灾方法，会使用自救器。

(4) 熟练掌握抢救伤员的基本方法及现场急救常识和操作技术。

69. 一台一案、一患一案、一源一案

对燃气、危险化学品、矿山等高危行业里的重要生产装置、重大隐患、重大危险源"量身定制"专项预案，做到"一台一案、一患一案、一源一案"。

70. 两个卡片化

专项应急预案卡片化、现场处置方案卡片化。

在依法依规、责权统一、管用实用、便于操作的原则下，发挥企业综合应急预案的统领作用，将专项预案和现场处置方案卡片化，着重解决企业现有应急预案针对性不强、可操作性差、相互衔接不够等实际问题。卡片化后企业应急预案主要内容如下：

（1）专项应急预案卡片依照风险判断和结论、处置要点和措施、力量组成和任务、各类保障和组织指挥等方面进行编制。专项应急预案卡片的内容应简明扼要、明确具体，应明确应急救援的范围和体系，使应急准备和应急管理有法可依有章可循，也利于培训与演习的开展，利于做出对事故的应急响应，降低事故的危害程度。

（2）现场处置方案卡片紧紧围绕事故预防和先期处置这个核心要素，内容主要包括岗位名称、危险工艺名称及参数限值、本岗位存在的危险性分析、应急处置（操作）措施等。要按照"一岗一责、一人一卡"的要求，落实全员持卡上岗制度，发挥"第一时间、第一现场、第一处置"作用，提高职工安全生产风险防范能力。

（3）形成3个层级预案管理体系。即大中型企业将现场处置方案向现场处置卡过渡，预案体系精简为综合、专项、现场处置卡3个层级；小微企业结合实际做好现场处置卡的制定，形成综合预案和现场处置卡相衔接的预案体系，让预案切实服务企业安全生产工作实际，充分发挥预案的重要功效。

71. 应急预案演练周

每年6月份第三个星期为应急预案演练周。

《国家安全监管总局办公厅关于开展2010年全国"安全生产月"应急预案演练周活动的通知》（安监总厅应急〔2010〕96号）以来，全国各省、自治区、直辖市及新疆生产建设兵团安全生产监督管理局，各省级煤矿安全监察机构，有关中央企业，将6月份第三个星期定为应急预案演练周。

第六章　职业健康术语

1. 职业危害

职业危害又称职业性损害，指从事职业活动的劳动者可能导致的与工作有关的疾病、职业病和伤害。

2. 职业病危害因素

职业病危害因素是指对从事职业活动的劳动者可能导致职业病的各种危害。职业病危害因素包括：职业活动中存在的各种有害的化学、物理、生物因素以及在作业过程中产生的其他职业有害因素（《中华人民共和国职业病防治法》）。

（1）职业病危害因素按其来源主要有以下几种：

1）生产工艺过程。随着生产技术、机器设备、使用材料和工艺流程变化不同而变化。如与生产过程有关的原材料、工业毒物、粉尘、噪声、振动、高温、辐射及传染性因素等因素有关。

2）劳动过程。主要是由于生产工艺的劳动组织情况、生产设备布局、生产制度与作业人员体位和方式以及智能化的程度有关。

3）作业环境。主要是作业场所的环境，如室外不良气象条件以及室内由于厂房狭小、车间位置不合理、照明不良与通风不畅等因素的影响都会对作业人员产生影响。

（2）职业病危害因素按其性质可分为以下几方面：

1）环境因素

①物理因素。不良的物理因素，或异常的气象条件如高温、低温、噪声、振动、高低气压、非电离辐射（可见光、紫外线、红外线、射频辐射、激光等）与电离辐射

（如 X 射线、γ 射线）等，这些都可以对人产生危害。

②化学因素。生产过程中使用和接触到的原料、中间产品、成品及这些物质在生产过程中产生的废气、废水和废渣等都会对人体产生危害，也称为工业毒物。毒物以粉尘、烟尘、雾气、蒸气或气体的形态遍布于生产作业场所的不同地点和空间，接触毒物可对人产生刺激或使人产生过敏反应，还可能引起中毒。

③生物因素。生产过程中使用的原料、辅料及在作业环境中都可存在某些致病微生物和寄生虫，如炭疽杆菌、霉菌、布氏杆菌、森林脑炎病毒和真菌等。

2）与职业有关的其他因素。劳动组织和作息制度的不合理导致的工作紧张；个人生活习惯不良，如过度饮酒、缺乏锻炼；劳动负荷过重，长时间的单调作业、夜班作业，动作和体位的不合理等都会对人产生不良影响。

3）其他因素。社会经济因素，如国家的经济发展速度、国民的文化教育程度、生态环境、管理水平等因素都会对企业的安全、卫生的投入和管理带来影响。职业卫生法制的健全、职业卫生服务和管理系统化，对于控制职业危害的发生和减少作业人员的职业伤害也是十分重要的因素。

4）《职业病危害因素分类目录》中规定的分类。2015 年，国家卫生计生委、国家安全监管总局、人力资源社会保障部和全国总工会联合发布的《职业病危害因素分类目录》（国卫疾控发〔2015〕92 号）将职业病危害因素非为 6 大类，包括：粉尘类（矽尘等共 52 种）；化学因素类（铅及其化合物等共 375 种）；物理因素类（噪声等共 15 种）；放射因素类（密封放射源产生的电离辐射等共 18 种）；生物因素类（艾滋病病毒等共 6 种）；其他因素类（金属烟、井下不良作业条件、刮研作业共 3 种）。详细目录请查阅该目录。

3. 有害物质

化学的、物理的、生物的等能危害职工健康的所有物质的总称。

4. 有毒物质

作用于生物体，能使机体发生暂时或永久性病变，导致疾病甚至死亡的物质。

5. 毒性分级

区分外源性化合物的毒性强弱和对人类的潜在危害程度的分级。

通常用小鼠、家兔的口服、呼吸道吸入及皮肤涂敷的半致死剂量来区分毒物的等级。国际上以急性毒性半数致死剂量（LD50）来作为急性毒性分级指标的依据。根据GBZ 230—2010《职业性接触毒物危害程度分级》，我国对职业性接触毒物的危害程度共分为4级：Ⅰ级（极度危害）、Ⅱ级（高度危害）、Ⅲ级（中度危害）、Ⅳ级（轻度危害）。

以下摘录为各重要文献的有关解释：

（1）张俊武. 新编实用医学词典. 北京：北京医科大学中国协和医科大学联合出版社，1994.

毒性分级依毒物的毒力大小划分的程度等级叫毒性分级。通常用小鼠、家兔的口服、呼吸道吸入及皮肤涂敷的半致死剂量来区分毒物的等级，一般可分为剧毒、高毒、中等毒、低毒、基本无毒等。在生产农药、农业杀虫药、化肥，及工业各种制剂、原料、成品，化工企业的原料、半成品，医药卫生中的各种试剂、消毒剂、药物等均经过测试，并在包装上标明其毒性的分级，有的尚画有特殊警惕标志，以利于保管、储存和使用，防止发生意外。发生中毒时医生依据毒物的毒力级别及用量便能判断中毒程度，能制定出科学的抢救措施。

（2）王翔朴，王营通，李珏声. 卫生学大辞典. 青岛：青岛出版社，2000.

毒性分级亦称急性毒性分级。依据实验动物经口、经皮或吸入半数致死剂量（浓度）对有毒物质的急性毒性进行分级，一般分为剧毒、高毒、中等毒和低毒4级。

6. 职业中毒

劳动者在从事生产劳动的过程中，由于接触生产性毒物而发生的中毒称为职业中毒。

以下摘录为各重要文献的有关解释：

（1）孙连捷，张梦欣. 安全科学技术百科全书. 北京：中国劳动社会保障出版社，2003.

生物体因毒物作用而受到损害后出现的疾病状态，称为中毒。劳动者在从事生产劳动的过程中，由于接触生产性毒物而发生的中毒称为职业中毒。

1）急性职业中毒。是指一次或短时间内（几秒乃至数小时）毒物大量侵入人体后引起的职业中毒。急性职业中毒大部分是经呼吸道吸入引起的，也可由皮肤吸收所引起，经口进入在职业中毒中较少见，常见于误食。最常见的有窒息性气体、刺激性气体、有机溶剂、苯的氨基化合物及有机磷中毒等。造成急性中毒的原因，大多数是由于生产设备的损坏、违反操作规程、无防护地进入有毒环境中进行紧急修理等。

2）慢性职业中毒。是指长时间（数月或数年）较小剂量的毒物持续或经常地侵入体内逐渐发生一系列病征。如工人长期在毒物浓度超过卫生标准的环境中作业，或者生产过程中皮肤长期受小剂量毒物的污染。几乎所有毒物经呼吸道吸入均可致慢性中毒；而后者则局限于能经皮肤吸收的毒物，如有机磷、苯胺等。大多数情况下，经皮肤吸收的毒物，同时经皮肤和呼吸道两者起作用。职业中毒以慢性中毒多见，而且早期病状轻微，不易发现。因此，应做好定期体检，以便早期发现，早期治疗。

3）亚急性职业中毒。是指介于急性与慢性之间的职业中毒。

职业中毒的临床表现因摄入的毒物不同而异，可涉及全身各系统。

1）神经系统。毒物进入人体后，可能造成中枢神经系统缺氧，也可直接侵犯神经组织造成神经损害。临床上表现有神经衰弱综合征和神经症状、周围神经炎、震颤、中毒性脑病及脑水肿等。

2）呼吸系统。一次大量吸入某些气体可突然引起窒息。临床上表现为呼吸停顿、紫绀和呼吸困难等。吸入刺激性气体可引起急性或慢性鼻炎、鼻前庭炎、鼻中隔穿孔、咽炎、喉炎、气管炎、支气管炎等呼吸道炎症，甚至引起化学性肺炎、化学性肺水肿等。某些毒物则可导致哮喘等。

3）血液系统。许多毒物能对血液系统造成损害，常表现为贫血、出血、溶血，或形成变性血红蛋白及患白血病等。

4）消化系统。由于毒物作用特点不同，可引起急性胃肠炎、腹绞痛、口腔征象（口腔黏膜充血、糜烂、溃疡、齿龈肿胀、齿槽溢脓、牙痛、牙松动、流涎等）及急、慢性肝病。

5）循环系统。常见的改变是中毒性心肌损害和休克。

6）泌尿系统。有尿路刺激症状、中毒性肾损害（急性肾功能衰竭、肾病综合征、肾小管综合征等）及尿路结石。

7）皮肤改变。有化学灼伤、接触性皮炎、光感性皮炎、痤疮毛囊炎、溃疡、角化、皲裂、变色（皮肤黑变病、白斑病、银质沉着症）、毛发脱落、指甲营养不良（白纹、色暗、变薄、变脆、扁平甲）、皮肤疣状赘生物及癌变等。

8）眼部改变。有刺激性炎症、化学性灼伤、色素沉着、过敏反应、眼球震颤、神经病变（视神经炎、视神经萎缩等）、白内障及视网膜血管异常，部分患者可出现视网膜微动脉瘤。

9）其他。有骨骼病变，如氟骨症（骨皮质增生、骨密度增高、韧带和肌腱附着处钙化、骨关节痛、运动障碍），骨质稀疏，指端溶骨症，骨坏死等。

10）烟雾热。如吸入锌、铜等金属烟后，可引起发热，称"金属烟雾热"。

（2）GB Z/T 157—2009《职业病诊断名词术语》

职业中毒是指劳动者在职业活动中组织器官受到工作场所毒物的毒作用而引起的功能性和（或）器质性疾病。急性职业中毒是指短时间内吸收大剂量毒物所引起的中毒。

7. 劳动条件

为保护劳动者在生产过程中的安全与健康所必须具备的物质技术条件，包括劳动环境条件、设备工艺条件和安全与卫生设施等。

广义上的劳动条件是指劳动者借以实现其劳动的一切物质条件，包括生产资料、劳动工具、劳动环境等；狭义上的劳动条件，即有关生产过程中劳动者的安全、卫生和劳动强度等方面的条件，如厂房建筑和机器设备的安全状况，车间温度、湿度、通风、照明等条件，防护用品、安全卫生设施，机械化程度等。劳动条件的好坏关系着广大劳动者的安全与健康，故根据《中华人民共和国安全生产法》的有关规定和安全生产方针，各级政府机关、经济部门、企业单位及其管理人员，都必须采取各种组织措施和技术措施，为劳动者提供良好的劳动环境和劳动条件，尽量防止由于生产过程中存在危险因素或致病因素而使劳动者受到人身伤害，避免人力、财力和物力的不应有的损失。

以下摘录为各重要文献的有关解释：

（1）纳扎罗夫. 社会经济统计词典. 铁大章，王毓贤，方群，杨树庄等译. 北京：中国统计出版社，1988.

劳动条件是生产活动中对人们的劳动能力和健康状况发生影响的各种因素的总体。

劳动条件包括：

1）生产技术条件，包括改善生产工艺，完善科学的劳动组织，用机械化生产取代繁重的手工劳动，采用劳动的安全和保护手段等。

2）卫生条件，是指保证生产环境具有适合的人造气候、适宜的空气、温度和湿度，及洁净程度，保证工作场所具有合理的照明，设备谐调，工作地点和工作场所环境的色彩谐和，盐和水的用量的有机配合，绿化环境，减少生产中的噪声、震动，利用音乐等。

3）包括生活服务在内的一般劳动条件：具有按人员分配的房间，设有食堂、小卖部、休养区、供给专用服装，定期对食品进行卫生检验等。

（2）李国杰. 现代企业管理辞典. 兰州：甘肃人民出版社，1991.

劳动条件分狭义和广义两种：狭义的劳动条件是指生产过程中有关劳动者的安全、卫生和劳动强度等各种条件，如厂房建筑和机器设备的安全、卫生状况、车间气温条件、安全卫生设施、机械化程度等；广义的劳动条件是指劳动者借以实现其劳动的物质条件，即生产资料。

（3）黄运武. 新编财政大辞典. 沈阳：辽宁人民出版社，1992.

劳动条件是指劳动者在劳动过程中所必需的一切物质条件和设施条件。前者指劳动者借以实现劳动的生产资料，后者指在生产过程中，劳动者的安全、卫生、环境、设备和劳动强度等多种条件。例如，厂房建筑和机器设备的安全状况，车间温度、湿度、照明和除尘装置、通风设置、机械化程度以及各种安全措施等条件。

8. 劳动场所

劳动者的生产岗位和作业环境。

以下摘录为重要文献的有关解释：

庄育智等. 安全科学技术词典. 北京：中国劳动出版社，1991.

劳动场所指劳动者的生产岗位和作业环境。劳动场所与劳动安全卫生有着密切关系。

劳动场所的劳动条件应符合安全卫生要求：

（1）厂房或建筑物（包括永久性和临时性的）均必须安全稳固，各种厂房建筑物之间的间距和方位应符合防火防爆等有关安全卫生规定。

（2）劳动场所应布局合理，保证安全作业的地面和空间，按有关规定设置安全人行通道和车辆通道。

（3）在室内的劳动场所应设安全门，在楼上作业或需登高作业的场所还应设安全梯。

（4）劳动场所应根据不同季节和天气，分别设置防暑降温、防冻保暖、防雨雪、防雷击的设施。

（5）劳动场所及出入口通道、楼梯、安全门、安全梯等处均应有足够的采光和照明设施，易燃易爆的劳动场所还必须符合防爆的要求。

（6）在有职业危害的劳动场所，应当根据危害的性质和程度，设置可靠的防护设施、监护报警装置、醒目的安全标志以及在紧急情况下进行抢救和安全疏散的设施。

9. 管安全生产必须管职业健康

《职业病危害治理"十三五"规划》（安监总安健〔2017〕82号）明确指出："管安全生产必须管职业健康"的工作机制。

2016年12月9日，中共中央、国务院下发《中共中央、国务院关于推进安全生产领域改革发展的意见》提出要按照"管行业必须管安全、管业务必须管安全、管生产经营必须管安全"和"谁主管谁负责"的原则，厘清安全生产综合监管与行业监管的关系，明确各有关部门安全生产和职业健康工作职责，并落实到部门工作职责规定中。安全生产监督管理部门负责安全生产法规标准和政策规划制定修订、执法监督、事故调查处理、应急救援管理、统计分析、宣传教育培训等综合性工作，承担职责范围内行业领域安全生产和职业健康监管执法职责。负有安全生产监督管理职责的有关部门依法依规履行相关行业领域安全生产和职业健康监管职责，强化监管执法，严厉查处违法违规行为。

2017年7月11日，国家安全监管总局下发《职业病危害治理"十三五"规划》（安监总安健〔2017〕82号）指出加强领导，落实责任。各级安全监管监察机构要把职业病危害治理工作摆上更加重要的位置，充分发挥安委会和职业病防治联席会议的作用，研究解决职业病危害治理工作中的重大问题，合理统筹、协调推进职业病防治工作。要推动各级政府进一步明确有关部门的责任，建立"党政同责、一岗双责、齐抓共管、失职追责"责任体系和"管安全生产必须管职业健康"工作机制。

10. 健康监护

通过各种医学检查和分析，掌握劳动者的健康状况，早期发现健康损害的征象，主要目的在于评价职业性有害因素对接触者健康的影响及其程度，以便及时采取预防措施，防止职业性损伤的发生和发展。

"健康监护"又称"职业健康监护"。

以下摘录为各重要文献的有关解释：

（1）GB/T 15236—2008《职业安全卫生术语》

职业健康监护指以预防为目的，根据劳动者的职业接触史，通过定期或不定期的医学健康检查和健康相关资料的收集，连续性地监测劳动者的健康状况，分析劳动者健康变化与所接触的职业病危害因素的关系，并及时地将健康检查和资料分析结果报告给用人单位和劳动者本人，以便及时采取干预措施，保护劳动者健康。职业健康监护主要包括职业健康检查和职业健康监护档案管理等内容。

（2）孙连捷，张梦欣. 安全科学技术百科全书. 北京：中国劳动社会保障出版社，2003.

健康监护就是通过各种医学检查和分析，掌握劳动者的健康状况，早期发现健康损害的征象，主要目的在于评价职业性有害因素对接触者健康的影响及其程度，以便及时采取预防措施，防止职业性损伤的发生和发展。健康监护还可以为评价劳动条件及职业性危害因素对健康的影响提供资料，并且有助于发现新的职业性危害因素。

健康监护的基本内容包括健康检查、建立健康监护档案、健康状况分析及劳动能力鉴定等。

11. 职业禁忌证

职业禁忌证是指某些疾病（或某种生理缺陷），其患者如从事某种职业，便会因职业性危害因素而使病情加重或易于发生事故，则称此疾病（或生理缺陷）为该职业的职业禁忌证。

12. 环境监测

对生产作业环境中各种职业性有害因素进行的有计划、有目的的监测。

环境监测是从事环境监测的机构及其工作人员，按照有关法律法规规定的程序和方法，对环境中各项要素及其指标或变化进行经常性的监测或长期跟踪测定的科学活动。其包括研究性监测、预防性监测、特种目的检测。

以下摘录为各重要文献的有关解释：

（1）编委会．环境科学大辞典．北京：中国环境科学出版社，1991.

环境监测是指人们对影响人类和生物生存和发展的环境质量状况进行监视性测定的活动。环境监测包含的内容主要有3个方面：

1）物理指标的测定，包括噪声、振动、电磁波、热能、放射性等水平的监测。

2）化学指标的测定，包括各种化学物质在空气、水体、土壤和生物体内水平的监测。

3）生态系统的监测，主要监测由于人类的生产和生活引起生态系统的变化，如滥伐森林或草原放牧引起水土流失和土地沙漠化，污染物在食物链中的作用引起生物品质变化和生物群落的改变，二氧化碳和氟氯烃的过量排放引起的温室效应和臭氧层破坏等。

（2）范维唐．中国煤炭工业百科全书临床执业医师手册·加工利用·环保卷．北京：煤炭工业出版社，1999.

环境监测指人们对影响人类和生物的生存与发展的环境状况和污染源进行监视性测定的活动，间断或连续地测定环境中污染物的浓度，观察、分析其变化和对环境影响的过程，或测定表征环境质量状况的环境要素的数值，并对其进行解释、使用的过程。

（3）编委会．中国冶金百科全书·安全环保．北京：冶金工业出版社，2000.

环境监测是指间断或连续地测定污染物浓度（或强度），观察、分析其变化和对环境影响的过程。环境监测工作所取得的代表环境质量指标的检测数据，是环境科学研究和环境保护工作的依据。从监测数据的分析中，人们可以了解环境污染情况，预报污染趋势，评价环境质量，检验治理效果，决定防治对策等。

13. 粉尘综合治理八字方针

（1）革：即技术革新。以低粉尘、无粉尘物料代替高粉尘物料，以不产尘设备、低产尘设备代替高产尘设备，这是减少或消除粉尘污染的根本措施。具体的措施主要体现在各行业粉尘工作场所实行生产过程的机械化、管道化、密闭化、自动化及远距离操作等。

（2）水：即湿式作业。采用湿式作业来降低作业场所粉尘的产生和扩散，是一种经济有效的防尘措施。在矿山企业推广的凿岩，水式电煤钻，煤层注水，放炮喷雾，耙装岩渣洒水，冲洗岩帮等都是湿式作业措施。

（3）密：即密闭尘源。对不能采取湿式作业的场所，应采取密闭抽风除尘的办法。如采用密闭尘源与局部抽风机结合，使密闭系统内保持一定负压，可有效防止粉尘逸出。

（4）风：即通风除尘。通风除尘是通过合理通风来稀释和排出作业场所空气中粉尘的一种除尘方法。在矿山系统，虽然各主要产尘工序都采用了相应的防、降尘措施，但仍有一部分粉尘，尤其是呼吸性粉尘悬浮在空气中难以沉降下来。针对这种情况，通风排尘是非常有效的除尘方法。

（5）护：即个体防护。对于采取一定措施仍不能将工作场所粉尘浓度降至国家卫生标准以下，或防尘设施出现故障等情况，让接尘工人佩戴防尘口罩，穿好防尘服，加强个体防护。

（6）管：即加强管理。认真贯彻实施《中华人民共和国职业病防治法》《中华人民共和国安全生产法》等法律法规，建立健全防尘的规章制度，定期监测工作场所空气中粉尘浓度。用人单位负责人，应对本单位尘肺病防治工作负有直接的责任。应采取措施，不仅要使本单位工作场所粉尘浓度达到国家卫生标准，而且要建立健全粉尘监测、安全检查、定期健康监护制度；加强尘肺病患者的治疗、疗养和职业卫生宣传教育等的管理工作。

（7）教：即宣传教育。对用人单位的安全生产管理人员、接尘工人应进行职业病防治法律法规的培训和宣传教育，了解生产性粉尘及尘肺病防治的基本知识，使工人认识到尘肺病是可防的，只要做好防尘、降尘工作，尘肺病是可以消除的。

（8）查：即定期对对接尘工人的健康体检，对工作场所粉尘浓度进行监测。对接尘岗位人员应发放保健津贴；有作业禁忌证的人员，不得从事接尘作业。各级安全监管监察部门、用人单位安全管理机构加强对粉尘治理、尘肺病防治等工作的监督检查。

14. 经常性卫生监督

对企业有毒有害作业的劳动卫生措施及其效果进行日常性监督、检测，并根据监督检查的结果做出相应的处理。

经常性卫生监督由安全生产监督管理部门及其监督人员开展，包括巡回卫生监督检查、抽样检验、现场监测、审查技术资料等，目的是掌握和了解生产经营单位及从业人员的生产经营活动是否遵循各项卫生法规，发现隐患并及时提出整改意见。

15. 职业性疾患

包括职业病和工作有关疾病两大类。

16. 职业病

企业、事业单位和个体经济组织等用人单位的劳动者在职业活动中，因接触粉尘、放射性物质和其他有毒、有害因素而引起的疾病（《中华人民共和国职业病防治法（2017年修正)》）。

以下摘录为重要文献的有关解释：

GB/T 15236—2008《职业安全卫生术语》

职业病指劳动者在职业活动中接触职业性危害因素所直接引起的疾病。

法定职业病指国家根据社会制度、经济条件和诊断技术水平，以法规形式规定的职业病。

17. 职业病范围

政府主管部门明文规定的法定职业病。

医学上所称职业病是泛指由职业性有害因素引起的特定疾病，但在立法意义上，职业病却具有一定的范围，通常是指政府主管部门明文规定的法定职业病。根据我国政府的规定，凡法定职业病的患者，在治疗和休养期间以及医疗后确定为残废或治疗无效而死亡时，均按有关规定给予工伤待遇。有的国家对患有职业病的工人，给予经济上的补偿，故也称为需赔偿的疾病。

中华人民共和国卫生部于1951年2月首次公布了《职业病范围和职业病患者处理办法的规定》。这个规定是根据我国当时的经济条件和科学技术水平，将危害职业健康和影响生产比较严重，并且职业性比较明显的14种职业病，列为国家法定的职业病。后来陆续增加了3种。随着生产及科学的发展又不断进行了修订。

18. 十类职业病

2013年12月23日，国家卫计委人力资源社会保障部、国家安全监管总局、全国总工会4部门联合印发了最新《职业病分类和目录》（国卫疾控发〔2013〕48号），将原来 115 种职业病调整为 132 种，共分为 10 大类：

（1）职业性尘肺病及其他呼吸疾病。

（2）职业性皮肤病。

（3）职业性眼病。

（4）职业性耳鼻喉口腔疾病。

（5）职业性化学中毒。

（6）物理因素所致职业病。

（7）职业性放射性疾病。

（8）职业性传染病。

（9）职业性肿瘤。

（10）其他职业病。

19. 尘肺病

由于在职业活动中长期吸入生产性粉尘（灰尘），并在肺内潴留而引起的以肺组织弥漫性纤维化（疤痕）为主的全身性疾病。尘肺按其吸入粉尘的种类不同，可分为无机尘肺和有机尘肺。

20. 十二种法定尘肺

矽肺、煤工尘肺、石墨尘肺、碳黑尘肺、石棉肺、滑石尘肺、水泥尘肺、云母尘肺、陶工尘肺、铝尘肺、电焊工尘肺、铸工尘肺。

21. 急性中毒

职工在短时间内摄入大量有毒物质，发病急，病情变化快，致使暂时或永久丧失工作能力或死亡的事件。

22. 有尘作业

作业场所空气中粉尘含量超过国家卫生标准中粉尘的最高容许浓度的作业。

23. 有毒作业

作业场所空气中有毒物质含量超过国家标准中有毒物质的最高容许浓度的作业。

24. 职业接触限值

职业性有害因素的接触限量标准，指劳动者在职业活动过程中，长期反复接触，对机体不引起急性或慢性有害健康影响的容许接触水平。

25. 最高容许浓度

任何有代表性的采样测定均不得超过的浓度。

26. 时间加权平均阈限值

正常 8 h 工作日的时间加权平均浓度。

27. 短时间接触限值

在不超过时间加权平均值的情况下，每次接触时间不得超过 15 min 的时间加权平均浓度。此浓度指在 8 h 内任何时间均不得超过的浓度。

28. 女职工劳动保护

根据女职工生理机能的特点，对她们在劳动过程中所采取的各项保护措施。

以下摘录为各重要文献的有关解释：

（1）庄育智等. 安全科学技术词典. 北京：中国劳动出版社，1991.

女职工劳动保护是指根据女职工生理机能的特点，对她们在劳动过程中所采取的各项保护措施。

（2）向光全，陈玉基. 电力职业健康安全技术手册. 北京：中国电力出版社，2006.

女职工劳动保护是针对女职工的生理特点所规定的特殊保护。由于女职工的生理特点，在有害职业因素的影响下生殖器官和生殖功能容易受到影响，而且可以通过妊娠、哺乳而影响胎、婴儿的健康和发育成长，关系到未来人口的素质。因此，做好女职工劳动保护工作，具有十分重要的意义。女职工劳动保护主要是按照有关法律法规合理安排妇女劳动以及加强"五期"劳动保护。"五期"劳动保护即指妇女经期、孕前期及孕期、产前及产后期、哺乳期以及更年期的劳动保护而言。其中经、孕、产、乳四期的劳动保护，我国在《女职工劳动保护规定》中已有具体规定。

29. 未成年工劳动保护

根据未成年工的生理特点，在劳动过程中对他们应采取相应的劳动保护措施。

未成年工指满 16 周岁至未满 18 周岁的工人。

以下摘录为各重要文献的有关解释：

（1）《中华人民共和国劳动法》

禁止用人单位招用未满 16 周岁的未成年人。

不得安排未成年工从事矿山井下、有毒有害、国家规定的第 4 级体力劳动强度的劳动和其他禁忌从事的劳动。用人单位应当对未成年工定期进行健康体检。

（2）张燕，马宗武. 港口经济辞典. 北京：人民交通出版社，1993.

未成年工劳动保护是指在生产过程中对身体发育尚不成熟的未成年工人健康的特殊保护。在我国未成年工人指已满 16 岁，未满 18 岁的工人。根据我国法律的规定，任何单位不得雇用未满 16 周岁的童工。对未满 18 岁的未成年工人，不得安排其从事有害健康的作业，禁止从事矿山井下和特别繁重的体力劳动，不得安排夜班和加班作业。

30. 劳动者职业健康七大权利

（1）获得职业卫生教育和培训的权利。

（2）获得职业健康检查、职业病诊疗、康复等职业病防治服务的权利。

（3）了解工作场所产生或者可能产生的职业病危害因素、危害后果和应当采取的职业病防护措施的权利。

（4）要求用人单位提供符合防治职业病要求的职业病防护设施和个人使用的职业病防护用品，改善工作条件的权利。

（5）拒绝违章指挥和强令进行没有职业病防护措施的作业的权利。

（6）对违反职业病防治法律、法规以及危及生命健康的行为提出批评、检举和控告的权利。

（7）参与用人单位职业卫生工作的民主管理，对职业病防治工作提出意见和建议。

31. 职业健康三同时制度

建设项目的职业病防护设施所需费用应当纳入建设项目工程预算，并与主体工程同时设计、同时施工、同时投入生产和使用。

32. 职业健康三岗体检

岗前、岗中、离岗体检。

33. 一人一档

按规定组织劳动者进行上岗前、在岗期间和离岗时的职业健康检查，并建立"一人一档"健康监护档案。

34. 五类职业健康监护检查

（1）上岗前检查。

（2）在岗期间定期检查。

（3）离岗时检查。

（4）应急健康检查。

（5）离岗后随访医学检查。

35. 职业健康管理四个 100％

（1）接触危害劳动者个人防护用品配备率 100％。

（2）企业负责人、职业卫生管理人员、接触危害劳动者培训率 100％。

（3）粉尘危害定期检测率 100％。

（4）接触危害劳动者职业健康检查率 100％。

36. 二十六种职业病防治违法行为

（1）违反职业病危害作业的建设项目"三同时"。

（2）未建立职业病防治管理措施并公布。

（3）违反新化学材料管理规定。

（4）未建立职业病危害项目申报。

（5）未建立职业病危害因素日常监测系统。

（6）未告知劳动者职业病危害真实情况。

（7）违反职业健康监护管理。

（8）工作场所职业病危害因素的强度或浓度不符合卫生标准。

（9）个人使用的职业病防护用品不符合卫生要求。

（10）用人单位违反检测、评价管理要求。

（11）用人单位违反职业病病人医疗诊治相关要求。

（12）急性职业病危害事故处理措施不当。

（13）阻碍职业卫生监督执法。

（14）可能产生职业病危害的设备、材料未提供说明书、警示标志和警示说明。

（15）违反职业病报告规定。

（16）隐瞒职业病危害。

（17）急性职业损伤事故防范措施不当。

（18）使用国家禁用的产生职业病危害的设备或材料。

（19）转移职业病危害作业。

（20）配备的职业病防护设备或者应急救援设施擅自拆除、停用。

（21）违反从事职业病危害作业的上岗管理。

（22）违章指挥。

（23）发生重大职业病危害事件。

（24）未经认证擅自从事职业卫生服务。

（25）从事职业卫生服务的机构违反管理规定。

（26）职业病诊断鉴定委员会成员违反职业道德徇私舞弊。

37. 职业健康监管六位一体

（1）安排部署一体化。

（2）执法检查一体化。

（3）宣传教育一体化。

（4）企业管理一体化。

（5）隐患排查一体化。

（6）达标创建一体化。

38. 三级预防

（1）第一级预防：通过采用有效的控制措施，如改革工艺、改进生产过程、配置完善的防护设施，消除职业性有害因素或将其减少到最低限度，使生产过程达到安全、卫生标准。在一级预防中，做好职业性有害因素的监测至关重要。

（2）第二级预防：开展健康监护，早期发现健康损害，及时处理，防止进一步发展。

（3）第三级预防：对已患职业病者及时诊断治疗，促进康复或防止病情发展。

39. 辐射防护三原则

（1）辐射实践正当化。

（2）辐射防护最优化。

（3）个人剂量当量限值（剂量控制）。

40. 外照射防护三要素

时间、距离、屏蔽。

41. 一法三卡

（1）"一法"指事故隐患和职业危害监控法。

（2）"三卡"指安全检查提示卡、有毒有害化学物质信息卡、危险源点警示卡。

42. 四法三卡

（1）"四法"：H法——岗位健康保障方法；S法——岗位事故预防方法；E法——环境保护法；K法——岗位关键作业安全操作法。

（2）"三卡"：MS卡（Must-Stop卡）——岗位安全作业指导卡；HI卡——岗位危害（因素）信息卡；DI卡——岗位危险（因素）信息卡。

43. 高温作业

高温作业是指有高气温或有强烈的热辐射或伴有高气湿（相对湿度≥80％）相结

合的异常作业条件、湿球黑球温度指数（WBGT 指数）超过规定限值的作业。

2012 年 6 月 29 日，国家安全生产监督管理总局、卫生部、人力资源和社会保障部、中华全国总工会联合印发了《关于印发防暑降温措施管理办法的通知》（安监总安健〔2012〕89 号）。

高温作业时，人体可出现一系列生理功能的改变，主要表现为体温调节、水盐代谢、循环系统、消化系统、神经系统、泌尿系统等的适应性变化。因此，高温作业预防和保健应主要针对中暑发生的各种原因进行。

（1）常见的高温作业按其气象条件的特点分为以下三种类型：

1）高温、强热辐射作业，如冶金工业的炼焦、炼铁、炼钢等车间，机械制造工业的铸造车间等。

2）高温高湿作业，如纺织印染等工厂、深井煤矿中。

3）夏季露天作业，如建筑工地、大型体育竞赛等。

（2）高温作业易发生职业性中暑、职业性皮炎和密闭空间中毒等职业病。

1）职业性中暑是指在高温和热辐射作用下，人体体温调节功能紊乱，从而引起中枢神经系统和循环系统障碍为主要表现的疾病。轻者出现发热、乏力、头晕、恶心、血压下降；重者（重症中暑）可有头痛剧烈、晕厥、昏迷、痉挛，甚至引起死亡。中暑按照发病机制可分为热射病、热痉挛、热衰竭三种类型。

2）职业性皮炎是指生产劳动中，由于作业环境中存在化学、物理、生物等职业性有害因素作用于人体引起的皮肤及其附属器官的疾病。

3）密闭空间中毒。密闭空间主要有三类：烟道、锅炉等密闭设备，地下室、地窖等地下密闭空间，储藏室、冷库等地上密闭空间。在炎热的夏季一些存在有毒物质的设备故障率也比平时大，如果进入却不注意防护，很容易发生职业性中毒、缺氧、燃爆等危害。

44. 职业健康执法年

国家安全生产监督管理总局将 2018 年定为"职业健康执法年"。

职业健康执法年的工作重点：要以粉尘和化学毒物整治为重点，把尘毒危害严重超标的企业作为重点检查对象，切实加强监督执法，严厉打击违法违规行为，综合运用行政处罚、暂扣吊销证照、联合惩戒、停产整顿、关闭取缔、追究刑事责任等措施，推动企业落实主体责任，确保尘毒危害严重超标的企业得到有效治理，有效遏制职业病高发势头，不断提高职业健康监管监察工作水平。

45. 双达标

指安全生产和职业健康"双达标"。

2017 年 6 月 22 日，国家安全监管总局印发《关于推进安全生产与职业健康一体化监管执法的指导意见》（安监总安健〔2017〕74 号），提出要推进标准化建设一体化。将职业健康相关指标纳入企业安全生产标准化建设，职业健康达标方可通过标准化评审，实行安全生产和职业健康"双达标"。

46. 一张网

构建职业健康信息化全国"一张网"。

2017 年 7 月 11 日，国家安全监管总局印发《职业病危害治理"十三五"规划》（安监总安健〔2017〕82 号），指出要建立日常信息统计与定期调查相结合的职业健康信息管理机制，完善职业健康监管的信息报告与统计分析制度。依托安全生产综合信息平台，统筹推进职业健康监管信息化工作，构建职业健康信息化全国"一张网"，实现职业病危害项目申报、职业病危害因素检测与评价、职业健康检查、职业病报告、监督执法、职业病危害事件查处以及大数据分析预警等信息共建共享。

47. 高温天气

地市级以上气象主管部门所属气象台站向公众发布的日最高气温 35℃ 以上的天气。

2012 年 6 月 29 日，国家安全生产监督管理总局、卫生部、人力资源和社会保障部、中华全国总工会联合印发了《关于印发防暑降温措施管理办法的通知》（安监总安健〔2012〕89 号）。

48. 高温天气作业

用人单位在高温天气期间安排劳动者在高温自然气象环境下进行的作业。

2012 年 6 月 29 日，国家安全生产监督管理总局、卫生部、人力资源和社会保障部、中华全国总工会联合印发了《关于印发防暑降温措施管理办法的通知》（安监总安健〔2012〕89 号）。

49. 舒适温度

某一环境在给定人体活动量、衣着热阻值及环境温度的条件下满足舒适要求的当量温度。

根据国内外的试验，夏季人们感到最舒适的气温是 19～24℃，冬季是 17～22℃。人体总要保持体温恒定，当环境温度超过舒适温度的上限时，人们便感到热，若超过 37℃时就感到酷热，一般人们能够忍受的温度上限是 52℃。相反，当环境温度低于舒适温度下限时，人就感到凉、冷；若低于 0℃，就感到寒冷。对于一般从事室外活动衣着合适的人，能够忍受的温度下限约为零下 34℃。

50. 低温作业

在低于允许温度下限的气温条件下进行作业。

低温作业工作有高山高原工作、潜水员水下工作、现代化工厂的低温车间以及寒冷气候下的野外作业等。这个允许温度是指工作地点平均气温等于或低于 5℃。低温作业易引起冻伤等职业病。

51. 潜水作业

人在水下环境里进行的水下施工、海底采矿、水中养殖、水下营救、水下检查及维修等工作。

潜水作业易引起减压病（潜涵病）等职业病。

52. 低气压作业

在低于大气压环境中作业的过程。

低气压的作业有高空或高原作业等，如海拔 3 000 m 以上的高空、高山、高原作业，航空飞行、高山作业等。由于海拔高、氧分压低、紫外线辐射强烈、低温、低湿、风速大，低气压作业易引起航空病、高山病。

53. 高气压作业

在高于大气压环境中作业的过程。

一般情况下，人们工作场所的气压变化不大，但有些特殊工作场所的气压会过高或过低，与正常气压相差甚远，如不注意防护，会对人的工作效率和身体健康产生不利影响。高气压作业易得减压病。减压病为在高气压下工作一定时间后，在转向正常气压时，因减压过快所致的职业病。

高气压作业常见的包括以下三种：

（1）潜水作业。如海水养殖、打捞、施工等，作业人员在水下承受的压力等于大气压与附加压之和。潜水员每下沉 10.3 m，增加 101.33 kPa（1 个大气压），称为附加压，附加压高低与潜水的深度有关。水下作业结束，潜水员在向水面上升的过程中，如果上升过快，则会使高压下溶于体内的氮气在血管组织中形成气泡，导致减压病。

（2）潜涵作业。在水下或隧道工程中，采用潜涵（沉箱）将施工人员沉到水下作业，为防止潜涵外的水进入箱内，需通入大于等于水下压力的高压气体，使作业人员处于高气压环境。

（3）其他高压氧舱、加压舱和高压科学研究舱等工作，高空飞行的机舱密封不良等也可造成舱内气压降低过快。

54. 尘毒危害重点行业

（1）黑色金属矿采选、有色金属矿采选、非金属矿采选等。

（2）皮革制造、制鞋、人造板制造、木质家具制造、纸浆制造、炼焦、化学原料制造、肥料制造、农药制造、合成材料制造、水泥制造、石材加工、玻璃制造、陶瓷生产、耐火材料制造、炼铁、炼钢、铁合金冶炼、金属铸造、铅酸蓄电池生产、电子制造等。

55. 尘毒危害重点作业

尘毒危害重点作业主要包括掘进、粉碎、打磨、焊接、喷涂、刷胶、电镀等。

第七章 行业安全术语

一、煤矿类

1. 瓦斯爆炸三条件

（1）瓦斯浓度在爆炸界限内，一般为 5％～16％。

（2）混合气体中的氧气浓度不低于 12％。

（3）有足够能量的点火源，一般为 650～750℃。

2. 煤尘爆炸三条件

（1）煤尘本身具有爆炸性，且煤尘浮游在空气中并达到一定浓度（45～2 000 g/m³）。

（2）有能引起爆炸热源的存在（610～1 050℃）。

（3）氧气浓度不低于 18％。

3. 一防两推

有效防范煤矿重特大事故；推动企业主体责任落实，推进地方监管责任落实。

4. 十禁令

（1）严禁煤矿非法违法组织作业。

（2）严禁煤矿违章组织作业。

（3）严禁煤矿不彻底排查治理隐患组织作业。

（4）严禁煤矿不执行人员管理基本制度组织作业。

（5）严禁煤矿通风系统不合理、不可靠组织作业。

（6）严禁煤矿不治理瓦斯、瓦斯超限组织作业。

（7）严禁煤矿不执行逢掘必探等规定组织作业。

（8）严禁煤矿不执行远距离放炮的规定组织作业。

（9）严禁煤矿不执行顶板管理规定组织作业。

（10）严禁煤矿不执行机电运输管理规定组织作业。

5. 四个100%

（1）100%实行逢掘必探。

（2）100%实行远距离放炮。

（3）100%实行石门揭煤现场盯守。

（4）100%实行先抽后采掘。

6. 八个100%

（1）100%做到"真查、真改、真验"。

（2）100%做到煤矿安全分类管理。

（3）100%落实驻矿安监员工作职责。

（4）100%落实放炮撤人制度。

（5）100%落实"1077"重点措施（即十项瓦斯治理措施、七项防治水措施、七项顶板管理措施）。

（6）100%落实矿级领导入井带班制度。

（7）100%落实煤矿安全生产包保责任制。

（8）100%建立严管、严查、严处制度。

7. 煤矿安全避险六大系统

（1）监测监控系统。

（2）井下人员定位系统。

（3）井下紧急避险系统。

（4）矿井压风自救系统。

（5）矿井供水施救系统。

（6）矿井通信联络系统。

8. 煤矿八大系统

（1）监测监控系统。

（2）井下人员定位系统。

（3）井下紧急避险系统。

（4）矿井压风自救系统。

（5）矿井供水施救系统。

（6）矿井通信联络系统。

（7）视频监控系统。

（8）瓦斯抽放系统。

9. 煤矿安全治本攻坚七条举措

（1）深化煤矿整顿关闭工作。

（2）严格新建（整合）煤矿安全准入。

（3）深入开展隐蔽致灾因素普查和瓦斯抽采利用。

（4）大力推进采掘机械化、自动化和管理信息化。

（5）强化煤矿安全避险"六大系统"建设。

（6）大力提升煤矿应急救援能力。

（7）规范煤矿用工制度，强化矿工安全培训。

10. 瓦斯治理二十四字方针

通风可靠、抽采达标、监控有效、管理到位、排除隐患、综合利用。

11. 六十四字瓦斯综合治理工作体系

（1）通风可靠：系统合理、设施完好、风量充足、风流稳定。

（2）抽采达标：多措并举、应抽尽抽、抽采平衡、效果达标。

（3）监控有效：装备齐全、数据准确、断电可靠、处置迅速。

（4）管理到位：责任明确、制度完善、执行有力、监督严格。

12. 煤矿安全生产十二字方针

先抽后采、监测监控、以风定产。

13. 五证一照

（1）五证：采矿许可证、安全生产许可证、煤炭生产许可证、矿长资格证和矿长安全资格证。

（2）一照：工商营业执照。

14. 三证一照

采矿许可证、安全生产许可证、矿长安全资格证和工商营业执照。

为了确保煤炭资源合理开发使用，减少行政审批环节，2013 年 6 月 29 日召开的第十二届全国人民代表大会常务委员会第三次会议决定，对《中华人民共和国煤炭法》做出修改，取消《煤炭生产许可证》和《矿长资格证》，由煤矿企业的"五证一照"减为"三证一照"，减少了企业负担。

15. 瓦斯排放二十字要领

即"从外向里、逐段排放、错口对接、由小到大、循序渐进"，严禁"一风吹"排放瓦斯。

16. 瓦斯治理十个必须

（1）必须严格落实瓦斯治理工作责任。

（2）必须建立健全瓦斯治理专业队伍。

（3）必须保证瓦斯治理资金投入。

（4）必须确保通风可靠。

（5）瓦斯超限必须停电撤人。

（6）瓦斯地质工作必须准确可靠。

（7）瓦斯抽采必须达标。

（8）防突措施必须到位。

（9）监测监控系统必须有效。

（10）放炮管理必须到位。

17. 瓦斯治理十项攻坚

（1）构建全面瓦斯治理责任体系。

（2）强化瓦斯治理专业队伍和安全监管队伍建设。

（3）严格落实瓦斯治理资金投入。

（4）构建安全可靠合理的通风系统。

（5）实现瓦斯抽采与采掘平衡。

（6）全面落实综合防突措施。

（7）建立科学有效的安全监测监控系统。

（8）全面落实现场安全管理措施。

（9）全面落实瓦斯治理全员安全培训。

（10）深入开展煤矿打非治违专项行动。

18. 瓦斯治理十个严禁

（1）严禁超设计能力下达生产任务。

（2）严禁瓦斯治理机构人员不齐组织生产。

（3）严禁挪用瓦斯治理专项资金。

（4）严禁无风微风和违反规定的串联通风。

（5）严禁瓦斯超限作业。

（6）严禁瓦斯检查空班漏检。

（7）严禁瓦斯抽采不达标组织生产。

（8）严禁掘突出头采突出面。

（9）严禁监测监控系统弄虚作假。

（10）严禁不按规定实施放炮作业和撤人设岗。

19. 瓦斯治理十个防止

（1）防止"三超"生产和多头多面。

（2）防止图实不符和超层越界。

（3）防止误揭煤层。

（4）防止检验数据不真实。

（5）防止瓦斯抽采钻孔施工不到位。

（6）防止瓦斯积聚。

（7）防止瓦斯检查弄虚作假。

（8）防止出现引爆火源。

（9）防止设施不可靠导致灾区扩大。

（10）防止停风不停电和送电不检查瓦斯。

20. 探放水十六字原则

预测预报、有疑必探、先探后掘、先治后采。

21. 防治水五项综合治理措施

探、防、堵、截、排。

22. 探放水三专

专业人员、专用设备、专门队伍。

23. 两个防突四位一体

（1）区域"四位一体"

1）区域突出危险性预测。

2）区域防突措施。

3）区域措施效果检验。

4）区域验证。

（2）局部"四位一体"

1）工作面突出危险性预测。

2）工作面防突措施。

3）工作面措施效果检验。

4）安全防护措施。

24. 一通三防

通风和防瓦斯、防火、防尘。

25. 一炮三检

装药前、放炮前、放炮后要认真检查放炮地点及附近 20 m 内风流中的瓦斯浓度，瓦斯浓度超过 1‰，不准装药放炮。

26. 三人联锁放炮

（1）放炮前，放炮员将警戒牌交给班组长。

（2）班组长派人警戒，下达放炮命令，并检查顶板和支护情况，将自己的放炮命令牌交给瓦检员。

（3）瓦检员经检查瓦斯、煤尘合格后，将自己携带的放炮牌交给放炮员。

（4）放炮员发出放炮警示后放炮，放炮后三牌各归原主。

27. 三大保护

供电系统（包括小型电器）的过流保护、接地保护和漏电保护。

28. 三大规程

煤矿安全规程、作业规程、操作规程。

29. 三直一平

（1）三直：工作面煤壁、刮板输送机、每排支柱各成一条直线。

（2）一平：这三条直线要互相平行。

30. 三畅通

（1）工作面安全出口畅通。

（2）工作面上、下平巷畅通。

（3）工作面内人行道畅通。

31. 十八项安全制度

（1）安全会议制度。

（2）安全目标管理制度。

（3）安全投入保障制度。

（4）安全质量标准化管理制度。

（5）安全教育与培训制度。

（6）事故隐患排查治理报告制度。

（7）安全监督检查制度。

（8）安全技术措施审批制度。

（9）矿用设备器材使用管理制度。

（10）矿井主要灾害预防制度。

（11）事故应急救援制度。

（12）安全与经济利益挂钩制度。

（13）入井检身和出入井人员清点制度。

（14）安全举报奖励制度。

（15）管理人员下井及带班制度。

（16）安全操作管理制度。

（17）爆炸材料使用管理制度。

（18）需要制定的其他相关制度。

32. 三专两闭锁

（1）三专：专用变压器、专用供电线路、专用开关。

（2）两闭锁：风电闭锁、瓦斯电闭锁。

33. 1＋4 工作法

（1）"1"就是握紧一个"方向盘"，即认真学习贯彻习近平总书记、李克强总理等中央领导同志关于加强安全生产的系列重要指示精神，坚守发展决不能以牺牲人的生命为代价这条红线，坚定以人为本、生命至上、安全发展的工作方向。

（2）"4"就是坚持"四轮驱动"，即：

1）把煤矿安全"双七条"贯彻到底。

2）打好50个重点县煤矿安全攻坚战。

3）警示教育要生动有效。

4）建立安监干部与矿长谈心对话工作机制。

34. 隐蔽采场

未经批准擅自在煤矿井下生产的现场工作地点或工作区域，可指正在生产的采掘工作面，也可指生产采区。

35. 双基两化

（1）双基：基层建设、基础工作。

（2）两化：安全质量标准化、采掘机械化。

36. 煤矿四个一律关闭

（1）国有煤矿矿办小井。

（2）国有煤矿矿区范围内的小煤矿。

（3）不具备基本安全生产条件的各类小煤矿。

（4）"三证一照"（即无采矿许可证、安全生产许可证、矿长安全资格证和工商营业执照）不全的小煤矿以及高硫高灰煤炭的小煤矿。

37. 七项断然措施

（1）加大排查整改力度，消除事故隐患。

（2）加强对停产整顿矿井的监管，确保停产整顿到位。

（3）坚决关闭经整顿仍不具备安全生产条件的煤矿，确保实现关闭目标。

（4）规范资源整合，严禁以整合为名拖延关闭或在整合期间违法开采。

（5）严格建设项目管理，严防不具备安全生产条件的煤矿借技术改造和改扩建之名逃避整顿。

（6）继续抓好瓦斯治理，严防超能力、超强度、超定员生产。

（7）落实煤矿安全生产责任，严格责任追究。

38. 二十四停产停业

凡有下述情况之一的，必须果断停止生产或作业，执行"先停撤人快改再生产"原则，立即采取措施组织处理，超前防范零敲碎打预防事故发生。

（1）采掘通风系统不合理。

（2）工作面风量不足或风速超限。

（3）有自燃征兆或温度超限及高温热源点。

（4）瓦斯超限（积聚）或涌出不正常。

（5）盲巷不消除。

（6）风门及密闭质量不合格。

（7）安全监测监控系统不完善。

（8）防尘设施不健全。

（9）有突水征兆或防排水设施不可靠。

（10）电气设备不完好。

（11）小绞车固定不牢靠。

（12）坡挡设施不齐全或不灵敏。

（13）工作面特殊支护不到位。

（14）施工安全措施不落实。

（15）安全出口不畅通。

（16）避灾路线不标识。

（17）安监员、瓦检员、质检员不盯面。

（18）区队干部不跟班。

（19）局部风机风电不闭锁。

（20）超长掘进巷道不使用双风机双电源自动切换装置。

（21）局部风机发生循环风。

（22）无计划停电停风。

（23）作业现场存在重大隐患。

（24）多人严重违章。

39. 一优三减

优化系统和减面、减产、减人。

40. 两预防一评价

隐患排查治理和安全风险评估防范制度，安全生产综合评价体系。

41. 三评价一评定

瓦斯防治评价、水害治理评价、顶板管理评价和机电管理评定。

42. 双规范

规范职工操作行为、规范干部管理行为。

43. 煤矿三超

超能力、超强度和超定员违法违规生产（建设）。

44. 以采代探

探矿权人在勘查许可证有效期内勘查时，发现了可供开采的矿产资源后，未依法向采矿登记管理机关申请、办理采矿登记手续，即擅自开采矿产资源的行为，实质上是无证采矿的违法行为。

45. 五个不到

想不到、看不到、查不到、管不到、治不到。

要在"五个不到"上下功夫，对各种隐患早排查、早发现、早处置，防微杜渐。在事故超前预防上主动适应、准确把握、引领发展，在"抓早抓小抓预防"，特别是在治"未病"上做足功课，建立本质安全型矿井。

46. 安全监察三个坚持

（1）坚持问题导向，精准执法。

（2）坚持从细从实，深入执法。

（3）坚持铁面无私，严格执法。

山东煤矿安全监察局印发《山东煤矿生产安全事故隐患责任追究办法》（鲁煤监办〔2015〕56号），要求按"三个坚持"加强执法监察：

（1）坚持问题导向，精准执法。每次开展执法监察前，都要针对煤矿特点，结合全面安全体检、安全大检查等活动中发现的问题，深入思考分析煤矿可能出现的问题，特别是煤矿是否存在超产问题，是否存在重生产轻安全问题，确定监察的重点和方式方法，并制定符合实际的监察方案，切实抓住重点、抓住关键。

（2）坚持从细从实，深入执法。强调检查时要切实做足功课，必须查准、查透，要深入分析各生产系统是否存在问题，要深入区队班组查准问题所在，对查出的问题更要揪住不放，追根溯源，找准病因。

（3）坚持铁面无私，严格执法。在对查出问题的处理处罚上，该处罚的绝不姑息，坚决杜绝执"人情法""关系法"的现象。

47. 四举措

（1）提前谋划，统筹安排。提前下发通知，明确检查内容及需要提供的资料，便于辖区煤矿对照准备好相关材料。

（2）细致排查，重点突出。重点突出隐患排查和治理，开拓部署及采掘接续安排计划，受冲击地压威胁矿井、采掘工作面专家评估、评价及防治措施落实情况，安全风险分级管控和隐患排查治理双重预防机制工作部署情况，严格按照要求对监察对象进行全面核查。

（3）及时提醒，依法治理。对在技术监察中发现的隐患和违法行为，及时下达执法文书，督促煤矿抓好隐患整改。

（4）狠抓落实，保证效果。结合各类监察执法活动，对问题整改情况进行闭合验收，确保整改到位。

48. 五假五超

（1）五假：假整改、假密闭、假数据、假图纸、假报告。

（2）五超：超层越界、超能力、超强度、超定员、证照超期。

49. 五个并重

（1）坚持政治与业务并重，提高对煤矿安全的政治敏感度。

（2）坚持管事与管人并重，扎紧煤矿安全监管"篱笆"。

（3）坚持点、线、面并重，消除监察"盲区"。

（4）坚持硬件与软件并重，"强筋壮骨"。

（5）坚持传承与创新并重，紧扣时代"脉搏"。

50. 安全监察五个再提升

（1）思想认识上再提升。

（2）工作状态上再提升。

（3）执法力度上再提升。

（4）成果运用上再提升。

（5）隐患整改上再提升。

51. 安全监察四个切实抓好

（1）切实抓好特护期安全生产，坚决防范安全漏洞。

（2）切实抓好矿井分类处置，坚决推动"三个一批"。

（3）切实抓好安全体检"回头看"，坚决推进安全大检查。

（4）切实抓好"四个重点"，坚决落实企业主体责任。

52. 四个重点

责任体系建设、重大灾害治理、监察执法、事故调查。

53. 井下安全供电的三无、三全、三坚持

（1）三无：无鸡爪子、无羊尾巴、无明接头。

（2）三全：保护装置全、绝缘用具全、图纸资料全。

（3）三坚持：坚持使用检漏继电器，坚持使用煤电钻、照明和信号保护装置，坚持使用瓦斯电和风电闭锁。

54. 一单四制闭环管控隐患

（1）一单：重大隐患清单。

（2）四制：台账制、交办制、销号制、通报制。

55. 四停

停头、停面、停产整顿、停止使用。

56. 五个转变

（1）水害防治逐渐由过程治理为主向源头预防为主转变。

（2）由局部治理为主向区域治理为主转变。

（3）由井下治理为主向井上下结合治理为主转变。

（4）由措施防范为主向工程治理为主转变。

（5）由治水为主向治保为主转变。

57. 五个停产

（1）瓦斯治理不到位的必须停产。

（2）通风系统不合理、不可靠的必须停产。

（3）矿领导带班下井、交接班制度执行不到位的必须停产。

（4）超能力、超强度、超定员组织生产的必须停产。

（5）安全监控系统、人员定位系统运行不正常的必须停产。

58. 四类关闭取缔矿井

（1）无证非法开采的矿井。

（2）以往关闭之后又擅自恢复生产的矿井。

（3）经整顿仍然达不到安全生产标准、不能取得安全生产许可证的矿井。

（4）无视政府安全监管，拒不进行整顿或者停而不整、明停暗采的矿井。

59. 关闭矿井六条标准

（1）有关地方政府发布公告，公布关闭矿井名单。

（2）有关颁证机关依法注销或吊销关闭矿井的相关证照。

（3）停止供水、供电、供火工品。

（4）拆除设备、炸毁井筒、填平场地。

（5）恢复地表植被或复垦。

（6）遣散煤矿所有从业人员。

60. 水害防治七位一体

理念先进、基础扎实、勘探清楚、科技攻关、综合治理、效果评价和应急救援。

61. 四类水害

老空水、承压水、顶板水和地表水。

62. 安全指标四下降

事故总量、较大事故、重特大事故、百万吨死亡率四个指标下降。

二、 非煤矿山类

63. 非煤矿山九类事故

中毒窒息、火灾、透水、爆炸、坠罐跑车、冒顶坍塌、边坡垮塌、尾矿库溃坝、井喷失控。

64. 非煤矿山四证一照

（1）四证：采矿许可证、安全生产许可证、矿长资格证、爆破安全使用许可证。

（2）一照：营业执照。

65. 非煤矿山防治水要求

坚持预测预报、有疑必探、先探后掘、先治后采的原则，组织落实防、堵、疏、排、截的水害综合治理措施。

66. 非煤矿山安全避险六大系统

（1）监测监控系统。

（2）人员定位系统。

（3）紧急避险系统。

（4）供水施救系统。

（5）压风自救系统。

（6）通信联络系统。

67. 台阶三要素

台阶高度、平台宽度、坡面角。

68. 非煤矿山五大隐患

采空区、病库、危库、险库和头顶库。

69. 露天矿山严禁使用的开采方式

扩壶爆破、掏底崩落、掏挖开采、不分层的"一面墙"开采。

70. 露天采石场企业安全生产五条规定

（1）必须证照齐全、合法有效。

（2）必须落实全员安全责任、健全安全管理制度，并做到执行到位。

（3）必须按开采设计方案进行作业，做到开采规范。

（4）必须实现机械铲装，做到设施完善、安全标志设置到位。

（5）必须达到安全标准化建设三级以上标准，做到安全保险到位。

71. 非煤矿山三项监管

（1）安全生产专家"会诊"监管。

（2）风险分级监管。

（3）微信助力监管。

72. 爆破三检查

（1）检查和清除炮烟。

（2）检查和清除悬浮石。

（3）检查和清除盲炮和残炮。

73. 设备设施四无五有

（1）四无：无油污、无积水、无蜘蛛网、无积尘。

（2）五有：有防护装置、有设备运转记录、有设备检查记录、有检修记录、有交接班制度。

74. 小型露天采石场两个三百米

（1）相邻采石场开采范围之间最小距离应当大于 300 m。

（2）采石场与周边生产生活设施之间的安全距离大于 300 m。

75. 露天采石场三个 100％安全规定

（1）各采石场在坡面进行排险作业时必须 100％系好安全绳、保险带。

（2）100％对采面存在的悬、浮、危石（土）进行有效排除。

（3）100％为从业人员缴纳工伤保险及意外伤害险并进行岗前培训。

76. 三个一批

淘汰关闭一批、改造提升一批、整合做大一批。

77. 工矿企业三超

超能力、超强度、超定员生产。

三、 危险化学品和烟花爆竹类

78. 危险化学品企业和化工园区公众开放日

加强危险化学品安全宣传教育和人才培养，大力推进危险化学品安全宣传普及。

要建立定期的危险化学品企业和化工园区公众开放日制度，创新方式方法，加强正面主动引导，开展多种形式的宣传普及活动，不断提高全社会的安全意识与对危险化学品的科学认知水平。

2016 年 11 月 29 日，国务院办公厅印发《危险化学品安全综合治理方案》（国办发〔2016〕88 号）要求。

79. 四超两改

超许可范围、超人员、超药量、超能力和擅自改变工房用途、改变工艺流程。

2017 年 11 月 10 日，国务院安委会办公室下发《国务院安委会办公室关于切实做好岁末年初安全生产工作的通知》（安委办明电〔2017〕18 号）提出要遏制烟花爆竹行业"四超两改"。

80. 民爆器材四超

超员、超储、超产、超时。

81. 一书一签

（1）一书：危险化学品安全技术说明书。

（2）一签：化学品安全标签。

82. 三不动火

无合格的动火票不动火、安全措施不落实不动火、监火人不在场不动火。

83. 动火作业六大禁令

（1）动火证未经批准，禁止动火。

（2）不与生产系统可靠隔绝，禁止动火。

（3）不清洗，置换不合格，禁止动火。

（4）不消除周围易燃物，禁止动火。

（5）不按时作动火分析，禁止动火。

（6）没有消防措施，禁止动火。

84. 三品

易燃品、易爆品、腐蚀品。

85. 三库四防

（1）三库：中转库、药物总库、成品总库。

（2）四防：防爆、防火、防雷、防静电。

86. 加油站卸油规范操作十六步

（1）引导。

（2）检查静电接地。

（3）检查消防器材。

（4）验单。

（5）质量验收。

（6）数量验收。

（7）连接管线。

（8）确认储油罐空油量。

（9）检查计量口。

（10）开始卸油。

（11）卸油完毕检查是否卸净。

（12）拆卸管线。

（13）核对数量。

（14）引导罐车离站。

（15）清理现场。

（16）记账。

87. 生产企业六不批

以下 6 类企业一律不得恢复生产：

（1）安全生产许可证到期尚未通过延期许可审查换证的企业。

（2）"四防"（防爆、防火、防雷、防静电）设施等不达标和"三库"（中转库、药物总库和成品总库）不足的企业。

（3）库存产品已经达到成品总库核定储量的企业。

（4）未使用自动装药机进行烟花爆竹生产和带药插引的企业。

（5）排查出安全隐患问题未消除的企业。

（6）没有应用烟花爆竹流向管理信息系统、张贴产品流向标识的企业。

国家安全监管总局办公厅印发《关于切实做好烟花爆竹生产经营旺季安全生产工作的通知》（安监总厅管三〔2016〕95号）提出各地区要严格按照"六不准"原则，切实做好复产验收工作。

88. 批发企业六严禁

（1）严禁经营超标、违禁、非法产品。

（2）严禁超许可范围经营及向零售点销售专业燃放类产品。

（3）严禁在仓库存放不属于烟花爆竹的爆炸物等危险物品。

（4）严禁将执法收缴的产品与正常经营的产品混存。

（5）严禁储存超量、堆放超高以及通道堵塞。

（6）严禁购买和销售未张贴流向登记标签的产品。

2017年9月11日，国家安全监管总局办公厅印发《关于切实做好烟花爆竹生产经营旺季安全生产工作的通知》（安监总厅管三〔2017〕72号）提出烟花爆竹批发企业"六严禁"。

89. 零售点三严禁

（1）严禁销售超标、违禁、专业燃放类产品或非法产品。

（2）严禁在许可证载明的经营场所外存放烟花爆竹。

（3）严禁超许可证载明限量存放烟花爆竹。

2017年9月11日，国家安全监管总局办公厅印发《关于切实做好烟花爆竹生产经营旺季安全生产工作的通知》（安监总厅管三〔2017〕72号）提出烟花爆竹零售"三严禁"。

90. 零售点两关闭

（1）关闭存在"下店上宅""前店后宅"等形式与居民居住场所设置在同一建筑物内的零售点。

（2）关闭与人员密集场所和重点建筑物安全距离不足、集中连片经营、在超市内销售、未按规定专店销售的零售点。

2017 年 9 月 11 日，国家安全监管总局办公厅印发《关于切实做好烟花爆竹生产经营旺季安全生产工作的通知》（安监总厅管三〔2017〕72 号）提出烟花爆竹零售点"两关闭"。

91. 三品管理

对易燃物品（油料、木材等可燃物质）、易爆物品（各种爆炸物品，如炸药、雷管、火线和某些化学物质）、危险化学品的管理。

92. 涉爆物品的四大员

爆破员、安全员、保管员、巡守员。

93. 化工企业常见十三类事故

物体打击、起重伤害、机械伤害、车辆伤害、化学品腐蚀、灼烫、坍塌、高处坠落、火灾、中毒和窒息、触电、爆炸、其他伤害。

94. 八大危险作业

动火作业、受限空间作业、吊装作业、盲板抽堵作业、动土作业、断路作业、高处作业、设备检维修作业。

95. 化工企业八项特种作业票证

（1）动火作业许可证。

（2）进入受限空间作业许可证。

（3）动土安全作业证。

（4）临时用电作业许可证。

（5）断路安全作业证。

（6）高处安全作业证。

（7）设备检修安全作业证。

（8）吊装安全作业证。

四、 道路交通类

96. 文明交通进驾校五个一活动

（1）设立一个文明交通宣传阵地。

（2）讲好一堂文明交通常识课。

（3）每位学员观看一次文明交通宣传片。

（4）参与一次文明交通劝导服务。

（5）每位新驾驶人参加一次文明驾驶宣誓仪式。

97. 六大文明交通行为

（1）大力倡导机动车礼让斑马线。

（2）机动车按序排队通行。

（3）机动车有序停放。

（4）文明使用车灯。

（5）行人/非机动车各行其道。

（6）行人/非机动车过街遵守信号。

98. 六大交通陋习

（1）机动车随意变更车道。

（2）占用应急车道。

（3）开车打手机。

（4）不系安全带。

（5）驾乘摩托车不戴头盔。

（6）行人过街跨越隔离设施。

99. 六大危险驾驶行为

（1）酒后驾驶。

（2）超速行驶。

（3）疲劳驾驶。

（4）闯红灯。

（5）强行超车。

（6）超员、超载。

100. 三关一监督

（1）三关：严把运输经营者市场准入关、严把运输车辆技术关、严把驾驶员资格关。

（2）一监督：交警及交通部门对客运车辆进行监督，严格按照客运车辆排班制度发车，严禁超员超速，确保客运车辆行驶 400 km 以上配备两名以上驾驶员。

101. 三不进站和六不出站

（1）三不进站

1）危险品不进站。

2）无关人员不进站（发车区）。

3）无关车辆不进站。

（2）六不出站

1）超载客车不出站。

2）安全例检不合格客车不出站。

3）驾驶员资格不符合要求不出站。

4）客车证件不齐全不出站。

5）出站登记表未经审核签字不出站。

6）乘客和驾驶员不系安全带不出站。

102. 三超一疲劳

超速、超员、超载和疲劳驾驶。

103. 车辆四超

超车、超速、超员、超载。

104. 五个严禁

（1）严禁营运客车超速行驶。

（2）严禁营运客车超员行驶。

（3）严禁营运客车串线行驶。

（4）严禁营运客车在高速公路上下旅客。

（5）严禁客运企业以包代管。

105. 九个一律

（1）对驾驶客运车辆超速 50％以上的，一律吊销机动车驾驶证。

（2）对客运车辆超员 20％以上的，一律记 12 分。

（3）对客运车驾驶人记满 12 分的，机动车驾驶证一律降级。

（4）对醉酒驾驶机动车的，一律吊销机动车驾驶证并移送司法机关追究刑事责任。

（5）对酒后驾驶营运客车的，一律吊销机动车驾驶证，并处拘留处罚。

（6）对无证驾驶机动车的，一律实施行政拘留。

（7）对疲劳驾驶机动车的，一律责令停车休息。

（8）对货运车辆、摩托车和农用车辆违法载人的，一律按规定处罚并卸客。

（9）对上路行驶的无牌无证车辆，一律暂扣。

106. 一站、一点、一队

（1）一站：农村道路交通安全管理站。

（2）一点：农村重要路段交通安全劝返点。

（3）一队：由派出所、乡镇干部和农村交通协管员组成的执法小分队。

107. 两客一危车辆

（1）两客：长途客车、旅游包车。

（2）一危：危险货物运输车。

108. 四客一危船舶

（1）四客：客渡船、客滚船、高速客船、旅游船。

（2）一危：危险品运输船。

109. 宣传教育三个一活动

道路交通和矿山企业安全生产宣传教育"三个一"活动：

（1）一级向一级签订一份安全教育（生产）责任书。

（2）开展一次集中的安全生产教育活动。

（3）所有机动车驾驶员和矿山企业主要负责人与主管部门或乡镇政府签订一份安全行车或安全生产承诺书。

110. 道路交通五整顿

（1）整顿驾驶员队伍。

（2）整顿路面行车秩序。

（3）整顿交通运输企业。

（4）整顿机动车生产改装企业。

（5）整顿危险路段。

111. 道路交通三加强

加强责任制、加强宣传教育、加强执法检查。

112. 道路交通安全五进五创

（1）五进：道路交通安全教育必须"进社区、进农村、进学校、进单位、进家庭"。

（2）五创：创建"交通安全村""交通安全学校""交通安全社区""交通安全单位""交通安全之家"。

113. 一安、两严、三勤、四慢、五掌握

（1）一安：要牢固树立"安全第一"的思想。

（2）两严：要严格遵守操作规程和交通规则。

（3）三勤：要脑勤、眼勤、手勤。在操作过程中要多思考，知己知彼，严格做到不超速、不违章、不超载；要知车、知人、知路、知气候、知货物；要眼观六路，耳听八方，瞻前顾后，要注意上下、左右、前后的情况；对车辆要勤检查、勤保养、勤维修、勤搞卫生。

（4）四慢：情况不明要慢，视线不良要慢，起步、停车要慢，通过交叉路口、狭路、弯路、人行道、人多繁杂地段要慢。

（5）五掌握：要掌握车辆技术状况、行人动态、行区路面变化、气候影响、装卸情况等。

114. 司机忌三猛

（1）忌泥泞道路猛踩油门。

（2）忌久晴初雨猛踩刹车。

（3）忌高速行驶猛打方向盘。

五、 建筑施工类

115. 高处作业

在坠落高度基准面 2 m 以上（含 2 m）有可能坠落的高处进行的作业。高处作业要求承载时建筑物或支承处应承住吊篮的载荷，理论上来说高处作业有一定的风险。

建筑施工中的高处作业主要包括临边、洞口、攀登、悬空、交叉作业 5 种基本类型，这些类型的高处作业是高处作业伤亡事故可能发生的主要地点。

116. 三宝、四口、五临边

（1）三宝：安全带、安全帽和安全网。

（2）四口：楼梯口、电梯井口、预留洞口、通道口。

（3）五临边：在建工程的楼面临边、屋面临边、阳台临边、升降口临边、基坑临边。

117. 三级配电

总配电箱、分配电箱、开关箱。

118. 一机、一箱、一闸、一漏、一地

一台机械设备应配置一个配电箱、一个闸刀（开关）、一个漏电保护器、一处设备外壳接地。

119. 两级保护

采用漏电保护措施，除在末级开关箱内加装漏电保护器外，还要在上一级分配电箱或总配电箱中再加装一级漏电保护器，总体上形成两级保护。

120. 五牌一图

（1）五牌：工程概况牌、安全管理人员名单及监督电话牌、消防保卫牌、安全生产牌、文明施工和环境保护牌。

（2）一图：施工现场总平面图。

121. 五小设施

指施工现场的办公室、宿舍、食堂、厕所、浴室。

122. 六杜绝

（1）杜绝因公受伤、死亡事故。

（2）杜绝坍塌伤害事故。

（3）杜绝物体打击事故。

（4）杜绝高处坠落事故。

（5）杜绝机械伤害事故。

（6）杜绝触电事故。

123. 三消灭

（1）消灭违章指挥。

（2）消灭违规作业。

（3）消灭惯性事故。

124. 两控制

（1）控制年负伤率，负轻伤频率控制在6％以内。

（2）控制年安全事故率。

125. 一创建

创建安全文明示范工地。

126. 施工现场一管、两定、三检查

（1）一管：要设专职安全员管安全。

（2）两定：制定安全生产制度；制定安全技术措施。

（3）三检查：定期检查安全措施执行情况；检查违章作业；检查冬、雨季施工安全生产设施。

127. 施工现场十项安全技术措施

（1）按规定使用"三宝"。

（2）机械设备防护装置一定要齐全有效。

（3）塔吊等起重设备必须有限位装置，不准带"病"运转，不准超负荷作业，不准在运转中维修保养。

（4）架设电线时，线路必须符合当地电力主管部门的规定，电气设备全部接地接零。

（5）电动机械和电动手持工具要设漏电掉闸装置。

（6）脚手架材料及脚手架的搭设必须符合规程要求。

（7）各种缆风绳及其设备必须符合规程要求。

（8）在建工程的楼梯口、电梯口、预留洞口、通道口必须有防护设施。

（9）严禁穿高跟鞋、拖鞋或赤脚进入施工场地，高空作业不准穿硬底和带钉易滑的鞋靴。

（10）施工现场的悬崖、陡坎等危险地区应有警戒标志，夜间要红灯示警。

128. 施工现场十不准

（1）未戴安全帽，不准进现场。

（2）酒后和带小孩不准进现场。

（3）井架等垂直运输不准乘人。

（4）不准穿拖鞋、高跟鞋及硬底鞋上班。

（5）模板及易腐材料不准作脚手板使用，作业时不准打闹。

（6）电源开关不准一闸多用，未经训练的职工，不准操作机械。

（7）无防护措施不准高空作业。

（8）吊装设备未经检查（或试吊）不准吊装，下面不准站人。

（9）木工场地和防火禁区不准吸烟。

（10）施工现场各种材料应分类堆放整齐，做到文明施工。

129. 进入施工现场七项必修内容

进入施工现场后，作业人员的教育培训工作（即七项必修内容）包括：

（1）本工程特点、重点及施工安全基本知识（如防火、防两高、保证主体运行安全等）。

（2）本工程（包括施工生产现场）安全生产制度、规定及安全注意事项。

（3）分项工程安全技术标准、工种的安全技术操作规程（分包单位及其专业班组工作内容，总包监督检查）。

（4）高处作业、起重作业、机械设备、电气安全等基础知识。

（5）防火、防毒、防尘、防爆及紧急情况安全防范自救。

（6）防护用品发放标准及防护用品、用具使用的基本知识。

（7）本工程惨痛事故教训（如高处坠落、火灾、起重事故等）。

130. 施工现场安全十大禁令

（1）严禁赤脚、穿拖鞋或高跟鞋及不戴安全帽人员进入施工现场作业。

（2）严禁一切人员在提升架、吊机的吊篮上部及要提升的架井口或吊物下操作、站立、行走。

（3）严禁非专业人员私自开动任何施工机械及驳接、拆除电线、电器。

（4）严禁在操作现场（包括在车间、工场）玩耍、吵闹和从高空抛掷材料、工具、砖石及一切物资。

（5）严禁土方工程的凿岩取土及不按规定放坡或不加支撑的深基坑开挖施工。

（6）严禁在不设栏杆或其他安全措施的高空作业和单表墙、砖墙上面行走。

（7）严禁在未设安全措施的同一部位同时进行上下交叉作业。

（8）严禁带小孩进入施工现场（包括车间、工场）作业。

（9）严禁在高压电源的危险区域进行冒险作业，不穿绝缘鞋进行机械操作，严禁用手直接提拿灯头及电线移动照明器具。

（10）严禁在有危险品、易燃品、木工棚场及现场仓库吸烟、生火。

131. 五不施工

（1）任务交代不清，图纸不清楚不施工。

（2）质量标准和技术措施规定不清楚不施工。

（3）材料不合格、基本条件不具备不施工。

（4）施工机具不全、不完好不施工。

（5）上道工序不交接、质量不合格，下道工序不施工。

132. 建筑施工三抢

抢时间、抢工期、抢进度。

133. 施工现场四不放过

（1）麻痹思想不放过。

（2）事故苗头不放过。

（3）违章作业不放过。

（4）安全漏洞不放过。

134. 监理四控制、两管理、一协调

（1）四控制：控制造价、控制进度、控制质量、控制安全。

（2）两管理：合同管理、信息管理。

（3）一协调：协调甲乙关系。

135. 七通一平

（1）七通：上、下水通，排污通，路通，电讯通，煤气通，电通，热力通。

（2）一平：场地平整。

136. 建筑施工工程现场十戒

（1）戒侥幸心理。

（2）戒短期行为。

（3）戒虎头蛇尾。

（4）戒以次充好。

（5）戒未训上岗。

（6）戒违章作业。

（7）戒弄虚作假。

（8）戒以罚代管。

（9）戒走马看花。

（10）戒瞒上欺下。

六、 消防类

137. 着火三要素

火源、可燃物、助燃物。

138. 火三角

火三角即燃烧的三要素，同时具备氧气、可燃物、点火源（亦称温度达到着火点），是燃烧和火灾发生的必要条件。

139. 闪燃

可燃液体挥发的蒸气与空气混合达到一定浓度遇明火发生一闪即逝的燃烧，或者将可燃固体加热到一定温度后，遇明火会发生一闪即灭的燃烧现象。

140. 闪点

闪点即闪燃的最低温度。

141. 阴燃

阴燃即没有火焰的缓慢燃烧现象。

很多固体物质，如纸张、锯末、纤维织物、纤维素板、胶乳橡胶以及某些多孔热固性塑料等都有可能发生阴燃，特别是当它们堆积起来的时候。

142. 火灾预防三条

隐患险于明火，防范胜于救灾，责任重于泰山。

143. 三合一场所

住宿与生产、仓储、经营一种或一种以上使用功能违章混合设置在同一空间内的建筑。

144. 提高消防四个能力

（1）提高检查消除火灾隐患的能力。

（2）提高组织扑救初起火灾的能力。

（3）提高组织人员疏散逃生的能力。

（4）提高消防宣传教育的能力。

145. 九小场所

餐饮、购物、住宿、公共娱乐、休闲健身、医疗、教学、生产加工、易燃易爆物品销售及存储等场所。

146. 三懂四会

（1）三懂：懂消防常识，懂消防设施器材使用方法，懂逃生自救技能。

（2）四会：会报警，会查改火灾隐患，会扑救初起火灾，会组织人员疏散。

147. 五熟悉

熟悉重点部位、熟悉建筑结构、熟悉道路水源、熟悉火灾危险性、熟悉灭火措施。

148. 煤气三大危害

易中毒、易着火、易爆炸。

149. 五个一律要求

（1）住宿与生产、经营、储存场所合用，未按规定进行防火分隔的，一律依法查处。

（2）疏散设施设置不符合要求、安全出口数量不足的，一律依法整改。

（3）住宿10人以上的，一律加装独立式火灾报警探测器，实行专职管理员夜间巡查措施。

（4）住宿30人以上的，一律按照标准安装自动灭火、火灾报警等消防设施，明确专人负责消防管理。

（5）楼内、屋内电动车违规停放或充电的，一律依法清理。对危及安全拒不整改的，要依法严厉追究生产经营单位、房屋产权单位及其相关负责人的责任。

2017年12月4日国务院安委会办公室下发《关于近期几起火灾事故的通报》（安委办〔2017〕34号）指出：

今年以来，重大火灾事故时有发生，上半年发生了浙江台州"2·5"和江西南昌"2·25"两起重大火灾事故。进入11月份以来，北京市大兴区11月18日发生一起重大火灾事故，造成 19 人死亡；12 月 1 日，天津市河西区又发生一起重大火灾事故，造成 10 人死亡；此外，广东佛山、山东东营、贵州贞丰等地的仓储、食品加工、商品批发场所先后发生 3 起较大火灾事故。

国务院领导同志对此高度重视并做出重要批示，要求举一反三，排查生产经营、储存、居住等"三合一""多合一"场所，强化消防安全责任落实，坚决防止类似事故发生。为深刻吸取事故教训，举一反三，切实加强消防安全工作，有效防范和坚决遏制重特大事故发生，提出深入开展"三合一""多合一"场所及群租房火灾隐患整治，严格落实"五个一律"要求。

150. 十不焊割

（1）无上岗证不焊割。

（2）雨天露天作业无可靠安全措施不焊割。

（3）装过易燃易爆及有害物品的容器，未彻底清洗不焊割。

（4）密闭器具未采取措施不焊割。

（5）设备未断电、容器未卸压不焊割。

（6）作业区周围有易燃易爆物品，未消除干净不焊割。

（7）焊体性质不清、火星飞向不明不焊割。

（8）焊接设备安全附件不全或失效不焊割。

（9）锅炉、容器等设备内无专人监护，无防护措施不焊割。

（10）禁火区未采取措施和办理动火手续不焊割。

七、 电力类

151. 火电厂五项基本制度

（1）操作票制度。

（2）工作票制度。

（3）交接班制度。

（4）巡回检查制度。

（5）设备定期试验与轮换制度。

152. 两票

工作票、操作票。

153. 两措

反事故技术措施、安全技术劳动保护措施。

154. 三制

交接班制、巡回检查制、设备定期试验与轮换制。

155. 三防

防止触电伤害、防止高空坠落伤害、防止倒（断）杆伤害。

156. 变配电室五防一通

（1）五防：防火、防水、防雷、防雪、防小动物。

（2）一通：保持通风良好。

157. 三交

交安全、交任务、交技术。

158. 六会

会止血、会包扎、会转移搬运重伤员、会处理外伤或中毒、会心肺复苏、会脱离电源。

159. 三保

保人身、保电网、保设备。

160. 三大敌人

违章、麻痹、不负责任。

161. 三分开

绝缘安全工器具、一般防护安全工器具、材料与机具三者放于不同房间或区域分开存放。

162. 三级安全网人员

企业安全监督人员、车间安全员、班组安全员。

163. 安全管理四项制度

确认制、联保制、奖惩制、挂牌制。

164. 五防

（1）防止带负荷拉、合刀闸。

（2）防止误拉、误合开关。

（3）防止带地线合闸。

（4）防止带电挂接地线。

（5）防止误入带电间隔。

165. 六种安全标示牌

（1）禁止合闸有人工作。

（2）禁止合闸，线路有人工作。

（3）在此工作。

（4）止步，高压危险。

（5）从此上下。

（6）禁止攀登，高压危险。

166. 二十条严重违章行为

（1）违章指挥。

（2）无票作业。

（3）擅自解锁。

（4）擅自扩大工作范围。

（5）擅自变动安全措施（设施）。

（6）无封闭地线作业。

（7）无安全交底作业。

（8）约时停、送电。

（9）无监护作业。

（10）酒后作业。

（11）擅自操作运行设备。

（12）使用严重破损、失效的绝缘安全工器具。

（13）作业中人员、工具、材料等与邻近带电设备的安全距离不足。

（14）杆塔上、无护栏的高台上作业未使用安全带，上下杆塔、杆塔上移动或转位时失去安全带保护。

（15）攀登杆基不牢固、拉线未做好的新立杆塔。

（16）杆塔上有人工作时，调整或拆除拉线。

（17）采用危险方法放、撤导（地）线。

（18）外包工程未经允许擅自开工。

（19）无特种作业资质人员从事特种作业。

（20）高压开关柜、站用变配电及间隔式配电装置等网（柜）门处未安装机械锁。

167. 七种重大事故

（1）人身死亡。

（2）大面积停电。

（3）大电网瓦解。

（4）电厂垮坝。

（5）主设备严重损坏。

（6）重大火灾。

（7）核泄漏。

168. 锅炉三大安全附件

安全阀、压力表、水位表。

169. 一强三优

国家电网公司"一强三优"：电网坚强和资产优良、服务优质、业绩优秀。

170. 三抓一创

（1）三抓：抓发展、抓管理、抓队伍。

（2）一创：创一流。

171. 五杜绝、三防止、一维护

（1）五杜绝：杜绝重大及以上人身伤亡事故，杜绝重大及以上电网事故，杜绝重大及以上设备事故，杜绝重大及以上火灾事故，杜绝电厂垮坝事故的发生。

（2）三防止：防止重大及以上环境污染、交通事故和对社会造成重大影响事故的发生，提高抗灾能力。

（3）一维护：维护电力系统安全稳定运行。

172. 安全管理四级控制

（1）总包项目部控制事故和重伤。

（2）分包单位控制轻伤和障碍。

（3）分包单位各班组控制异常和未遂。

（4）个人控制差错。

参考文献

[1] 编委会. 中国大百科全书（经济学卷）. 北京：中国大百科全书出版社，1988.

[2] 李放. 经济法学辞典. 沈阳：辽宁人民出版社，1986.

[3] 吕时达，张忠修，聂景廉等. 简明经济学辞典. 兰州：甘肃人民出版社，1986.

[4] 萧浩辉. 决策科学辞典. 北京：人民出版社，1995.

[5] 苑茜，周冰，沈士仓等. 现代劳动关系辞典. 北京：中国劳动社会保障出版社，2000.

[6] 编委会. 安全科学技术百科全书. 北京：中国劳动社会保障出版社，2003.

[7] 卞耀武等. 中华人民共和国安全生产法读本. 北京：煤炭工业出版社，2002.

[8] 编委会. 安全科学技术词典. 北京：中国劳动出版社，1991.

[9] 宋国华，吴耀宗，刘万庆等. 保险大辞典. 沈阳：辽宁人民出版社，1989.

[10] 郑大本，赵英才. 现代管理辞典. 沈阳：辽宁人民出版社，1987.

[11] 袁世全，冯涛. 中国百科大辞典. 北京：华夏出版社，1990.

[12] 编委会. 中国大百科全书（机械工程卷）. 北京：中国大百科全书出版社，1988.

[13] 魏英敏. 中国伦理学百科全书·职业伦理学卷. 长春：吉林人民出版社，1993.

[14] 编委会. 宁夏百科全书. 银川：宁夏人民出版社，1998.

[15] 编辑部. 中国电力百科全书·火力发电卷. 北京：中国电力出版社，2001.

[16] 许铭，吴宗之，罗云. 安全生产领域安全技术公理. 中国安全科学学报，

2015，25（1）：3—8．

[17] 许铭，吴宗之，罗云，康荣学，关磊．论安全科学的研究对象．中国安全科学学报，2015，25（12）：3—8．

[18] 许铭，吴宗之，罗云，程五一．基于 LOP 模型的事故隐患分类分级研究．中国安全科学学报，2014，24（7）：15—20．

[19] （汉）许慎撰，（宋）徐铉校定．说文解字．北京：中华书局，2009．

[20] 编辑部．康熙字典（检索本）．北京：中华书局，2010．

[21] 黎益仕等．英汉灾害管理相关基本术语集．北京：中国标准出版社，2005．

[22] 江伟钰，陈方林．资源环境法词典．北京：中国法制出版社，2005．

[23] 莫衡等．当代汉语词典．上海：上海辞书出版社，2001．

[24] 罗云．安全工程师手册．成都：四川人民出版社，1995．

[25] 编委会．中国职业安全卫生百科全书．北京：中国劳动出版社，1991．

[26] 金晴川．电梯与自动扶梯技术词典．上海：上海交通大学出版社，2005．

[27] 刘诗白，邹广严，向洪等．新世纪企业家百科全书．北京：中国言实出版社，2000．

[28] 冯肇瑞，杨有启．化工安全技术手册．北京：化学工业出版社，1993．

[29] 澳大利亚和新西兰关于风险管理的国家标准（AS/NZS4360：1999）．

[30] 编委会．辞海．上海：上海辞书出版社，1989．

[31] 魏华林，林宝清．保险学（第四版）．北京：高等教育出版社，2017．

[32] 庹国柱．保险学（第六版）．北京：首都经济贸易大学出版社，2011．

[33] 吴宗之等．基于本质安全理论的安全管理体系研究．中国安全科学学报，2007（7）：54—58．

[34] 冯肇瑞，叶继香．职业安全卫生词典．成都：四川人民出版社，1990．

[35] 吴宗之．基于本质安全的工业事故风险管理方法研究．中国工程科学，2007，9（5）：46—49．

[36] 阳宪惠，郭海涛．安全仪表系统的功能安全．北京：清华大学出版社，2007．

［37］栗镇宇. 工艺安全管理与事故预防. 北京：中国石化出版社，2007.

［38］叶天泉，孙杰，王岳人等. 城市供热辞典. 沈阳：辽宁科学技术出版社，2005.

［39］向光全，陈玉基. 电力职业健康安全技术手册. 北京：中国电力出版社，2006.

［40］冯肇瑞，崔国璋. 安全系统工程. 北京：冶金工业出版社，1987.

［41］编委会. 环境科学大辞典. 北京：中国环境科学出版社，1991.

［42］王大全. 精细化工辞典. 北京：化学工业出版社，1998.

［43］国家安全生产监督管理总局. 安全评价. 北京：煤炭工业出版社，2002.

［44］编委会. 中国冶金百科全书·安全环保. 北京：冶金工业出版社，2000.

［45］田雨平. 电力安全技术与管理手册. 北京：中国电力出版社，2003.

［46］Covello，VT.，Slovic P.，Von Winte feldt，D. Risk Communication：a review of literature，Risk Abstract，1986.

［47］Leiss W. Three phases in the evolution of risk communication practice. The Annals of the American Academy of Political and Social Science，1996.

［48］Covello，VT.，Petersr G，Wojtecki JG. Risk Communication，the west Nile virus epidemic，and bioterrorism：responding to the communication challenges posed by the intentional or unintentional release of a pathogen in an urban setting. Journal of Urban Health，2001，78（2）：382－391.

［49］夏保成. 西方公共安全管理. 北京：化学工业出版社，2006.

［50］马蔚华. 风险之本：商业银行风险管理理论与招商银行实践. 北京：华夏出版社，2007.

［51］王益英. 中华法学大辞典（劳动法学卷）. 北京：中国检察出版社，1997.

［52］宋辉. 中国消防辞典. 沈阳：辽宁人民出版社，1992.

［53］编委会. 中国乡镇企业管理百科全书. 北京：农业出版社，1987.

［54］杨庆旺，哈铧. 中国军事知识辞典. 北京：华夏出版社，1987.

［55］武广华，臧益秀，刘运祥等. 中国卫生管理辞典. 北京：中国科学技术出版社，2001.

［56］夏利渊. 中国烟草百科知识. 北京：中国轻工业出版社，1992.

［57］编委会. 劳动保护技术全书. 北京：北京出版社，1992.

［58］董华，张吉光等. 城市公共安全——应急与管理. 北京：化学工业出版社，2006.

［59］韩明安. 新语词大词典. 哈尔滨：黑龙江人民出版社，1991.

［60］杨进冬. 建筑企业应急救援预案编制实施指南. 北京：中国电力出版社，2006.

［61］戴相龙，黄达. 中华金融辞库. 北京：中国金融出版社，1998.

［62］何盛明. 财经大辞典·上卷. 北京：中国财政经济出版社，1990.

［63］隋鹏程等. 安全原理. 北京：化学工业出版社，2005.

［64］熊武一，周家法总编；卓名信，厉新光，徐继昌等主编. 军事大辞海·上. 北京：长城出版社，2000.

［65］编委会. 交通大辞典. 上海：上海交通大学出版社，2005.

［66］编委会. 现代汉语词典. 北京：商务印书馆，2002.

［67］罗云等. 安全经济学导论. 北京：经济科学出版社，1993.

［68］张永红. 交通安全概论. 北京：人民交通出版社，1992.

［69］马春玲，陈学锋，王伟. 浅谈安全成本分析与特性在煤炭管理中的应用. 安全生产，1997（3）：35－39.

［70］全国安全生产委员会. 我国安全生产标准化步入新的发展轨道. 轻工标准与质量，2007（06）：46－47.

［71］任超奇. 新华汉语词典. 武汉：崇文书局，2006.

［72］张宏儒. 二十世纪中国大事全书. 北京：北京出版社，1993.

［73］张堂恒. 中国茶学辞典. 上海：上海科学技术出版社，1995.

［74］邹瑜，顾明，高扬瑜等. 法学大辞典. 北京：中国政法大学出版社，1991.

［75］中国劳改学会. 中国劳改学大辞典. 北京：社会科学文献出版社，1993.

［76］李国杰. 现代企业管理辞典. 兰州：甘肃人民出版社，1991.

［77］黄汉江. 建筑经济大辞典. 上海：上海社会科学院出版社，1990.

［78］叶天泉，孙杰，王岳人等. 城市供热辞典. 沈阳：辽宁科学技术出版社，2005.

［79］罗云. 安全学. 北京：科学出版社，2015.

［80］North Carolina Division of Emergency Management. Local Hazard Mitigation Planning Manual，1998：28－32.

［81］Department of Homeland Security. Interim National Preparedness Goal：Homeland Security Presidential Directive 8：National Preparedness. Washington，DC，2005.

［82］U. S. Department of Transportation. Emergency Response Guidebook. 1990.